Llibre d'actes

I Jornada de Recerca EGE-UPC 2019

Departament d'Expressió Gràfica a l'Enginyeria - UPC

Terrassa, 31 de gener de 2019

Llibre d'actes I Jornada de Recerca EGE-UPC 2019

Editors: Jose Luis Lapaz Castillo, Oscar Farrerons Vidal,
Joan Antoni López Martínez

Departament d'Expressió Gràfica a l'Enginyeria
UNIVERSITAT POLITÈCNICA DE CATALUNYA

www.omniascience.com

DOI: https://doi.org/10.3926/ege2019

ISBN: 978-84-947996-5-5

Disseny de coberta: OmniaScience

Foto de coberta: © Future Engineering. Sylverarts - stock.adobe.com

Bienvenida

La **I Jornada de Investigación del Departamento de Expresión Gráfica en la Ingeniería** (EGE) de la Universitat Politècnica de Catalunya (UPC) nace con la finalidad de ser punto de encuentro y de partida.

Para un departamento troncal, transversal y territorial como es el nuestro, se hacía imprescindible una iniciativa de este tipo. Esta jornada ha sido la excusa perfecta para acometer el doble reto planteado: visualizar parte del trabajo que el profesorado realiza habitualmente y poner en contacto entre sí a los diferentes grupos de investigación de cara a futuros retos compartidos.

El presente recopilatorio recoge aportaciones, en ámbitos académicos diversos (docencia, investigación, transferencia, extensión universitaria), de parte del profesorado de EGE y de otros departamentos afines de la UPC.

Esperamos consolidar esta iniciativa y poder realizar posteriores ediciones, involucrando a un número mayor de participantes y ampliando las temáticas a abordar.

Terrassa, enero de 2019

José Luis Lapaz Castillo
Director del Departamento de
Expresión Gráfica en la Ingeniería

Índex

Pròleg

El Departament d'Expressió Gràfica a l'Enginyeria(EGE) imparteix docència de Grau, Màster i Doctorat de qualitat i adaptada a les necessitats de la societat, en un entorn territorial ampli, als diferents campus de la UPC repartits arreu de la província de Barcelona:Escola Tècnica Superior d'Enginyeria Industrial de Barcelona (ETSEIB), Escola Superior d'Enginyeries Industrial, Aeroespacial i Audiovisual de Terrassa (ESEIAAT), Escola Politècnica Superior d'Enginyeria de Vilanova i la Geltrú (EPSEVG), Escola Politècnica Superior d'Enginyeria de Manresa (EPSEM), Escola d'Enginyeria de Barcelona Est (EEBE) i Escola d'Enginyeria de Telecomunicació i Aeroespacial de Castelldefels (EETAC). La nostra àmplia experiència docent la desenvolupem a més d'una desena de graus d'Enginyeria Industrial: Disseny i Desenvolupament del Producte, Enginyeria Elèctrica, Enginyeria en Electrònica Industrial i Automàtica, Enginyeria Mecànica, Enginyeria Química, Enginyeria de Tecnologia i Disseny Tèxtil, Tecnologies Industrials, Tecnologies Aeroespacials, Enginyeria en Vehicles Aeroespacials, Enginyeria de Sistemes Audiovisuals, Enginyeria Biomèdica, Enginyeria de l'Energia, Enginyeria de Materials, Enginyeria d'Automoció, Enginyeria Minera, i Enginyeria de Sistemes Aeroespacials.

Molts del professors del Departament són clau en quatre màsters universitaris oficials de la UPC, desenvolupant un ensenyament de primer nivell al Màster d'Estudis Avançats en Disseny (de caràcter pluridisciplinari, on s'apliquen creativitat i innovació com a eines de coneixement), al Màster en Enginyeria Tèxtil i Paperera (amb experts dels sectors tèxtil, de materials lignocel.lulòsics i gràfic), al Màster en Enginyeria Industrial (formació avançada multidisciplinar que habilita per a l'exercici professional d'Enginyer Industrial), i al Màster en Formació del Professorat d'Educació Secundària Obligatòria, Batxillerat i Formació Professional (en les especialitats de Tecnologia i Formació Professional).La docència de doctorat del departament s'imparteix al Programa de d'Enginyeria Tèxtil i Paperera.

Però la docència sols és un dels àmbits del Departament EGE, que per altra banda pretén consolidar les activitats d'investigació, innovació i transferència de tecnologia que porten a terme el centenar llarg de personal docent i investigador que està inscrit en el nostre departament. Aquesta recerca és de caràcter molt variat, compromesa en el nostre país i a l'entorn on estem, i realitza aplicacions de component gràfica en pràcticament qualsevol de les branques industrials, en enginyeria multimèdia, en aplicació de les tecnologies de la informació i la comunicació, en creació d'espais a la xarxa, en formació a distància, en gestió del coneixement, en producció de continguts multimèdia, en disseny industrial, en desenvolupament de producte, en disseny de maquinària, prototipatge, impressió 3D i fotogrametria, en aigua i sostenibilitat, en enginyeria paperera...

Per donar visibilitat a aquesta variada i rica recerca no sols al conjunt de la UPC i la societat, sinó també entre tots els membres del departament, i per propiciar més interacció entre els diferents grups, la direcció del departament EGE ha organitzat la I Jornada de Recerca EGE-UPC, celebrada el 31 de gener de 2019, que esperem repetir en properes edicions. Podeu llegir entre les diferents comunicacions aportacions molt variades, sorprenents i impressionants, que donen idea de l'abast de l'enginyeria gràfica, un devessall d'anàlisi i exploració amb contribucions del Grup d'Investigació en Innovació en Sistemes per al Disseny i la Formació en la Enginyeria (INSIDE), del Barcelona Science and Engineering Education Research Group (BCN SEER), del Grup de Recerca en

Enginyeria de Projectes, Disseny, Sostenibilitat i Comunicació (GIIP), del Laboratori d'Aplicacions Multimèdia (LAM), del col·lectiu de Sostenibilitat, Tecnologia i Humanisme (STH), del Grup de Recerca en Interacció de Superfícies en Bioenginyeria i Ciència dels Materials (InSup), del Laboratori d'Aplicacions Bioacústiques (LAB) i del Grup d'Investigació d'Enginyeria Paperera (CELBIOTECH).

L'Autoavaluació en Projectes d'Enginyeria: Prova Pilot en Expressió Gràfica a l'ESEIAAT

Anna Pujol
ESEIAAT. Expressió Gràfica en l'Enginyeria

Oscar Farrerons
EEBE. Expressió Gràfica en l'Enginyeria

Resum

Es presenta una comunicació sobre l'Autoavaluació en projectes d'Enginyeria. És un projecte pilot començat el curs 2017-18 i que s'ha continuat en aquest curs 2018-19, en el qual els alumnes d'Expressió Gràfica s'autoavaluen. La investigació comença amb una enquesta completada pels alumnes després d'haver realitzat i presentat un projecte d'Expressió Gràfica que engloba tots els continguts i competències que adquireixen al llarg de l'assignatura.
Tot i que en l'enquesta es pregunta també pel treball en equip i pel conjunt de l'assignatura, ens centrarem amb les dades corresponents al projecte, que és un treball de grup.
Els alumnes hauran de valorar els seus aprenentatges de diferents competències de l'Expressió Gràfica com són: la representació de peces, l'acotació, els talls i seccions i el coneixement de geometria 3D.
L'autoavaluació encara no és una avaluació vinculant, però ajuda a arribar a una valoració més consensuada, tenint en compte primerament l'avaluació del docent, sense menystenir la que realitza el propi alumne.

1. L'autoavaluació. Introducció i context

Com tots els ensenyaments universitaris, el camp de les enginyeries també ha anat evolucionant en els darrers anys, amb noves metodologies per millorar tots els àmbits docents. L'EEES (Espai Europeu d'Ensenyament Superior) obliga a desenvolupar metodologies que innoven en estratègies i eines per avançar en tots els àmbits de l'aprenentatge universitari.

Un d'aquests àmbits és el de l'Avaluació on s'estan experimentant noves fórmules, desmentint la clàssica avaluació-qualificació per part del professor. Noves formes d'avaluació estan sorgint amb tota naturalitat com la coavaluació, l'avaluació compartida, l'avaluació democràtica, la qualificació dialogada i l'autoavaluació.

L'Autoavaluació és la valoració que una persona realitza sobre si mateixa o sobre un procés i/o resultat personal. El sistema E.C.T.S ha modificat la relació entre el professor- procés d'aprenentatge-alumne, amb canvis metodològics i organitzatius.

Tal i com analitza Victor M. López Pastor en un dels seus tallers: El canvi en l'avaluació ha de passar per ser:

- Avaluació contínua i formativa, més que final i sumativa
- Avaluació del procés d'aprenentatge (no sols de l'aparent producte final)
- Avaluació dels diferents tipus d'aprenentatge i competències
- Avaluació per millorar, i no solament com a control. [1]

G. Bernabé Valero i J.S. Blasco Magraner recomanen tenir en compte alguns paràmetres: És evident que la responsabilitat última de valorar l'adquisició de competències és el del docent, però considerem de gran utilitat la participació de l'alumnat en aquest procés. Defensem aquesta qüestió per varis motius: pels avantatges de coresponsabilitat entre professors i alumnes, per les implicacions cognitives positives que implica aquest procés en l'alumnat i per la seva versatilitat eficàcia que suposa el sistema d'avaluació per pars i autoavaluació per al docent. [2]

En definitiva, l'avaluació té un efecte positiu sobre l'aprenentatge de l'alumnat quan es relaciona amb tasques autèntiques, representa exigències raonables, anima als estudiants a utilitzar coneixements en un context realista, propicia el desenvolupament d'una gran varietat d'habilitats i es percep com a beneficiosa a llarg termini. [3]

2. Objectius de la prova pilot d'autoavaluació

Es plantegen com a objectius específics els mateixos que ja es plantejava Ascensión Palomares per alumnes de Magisteri, però els adaptarem i ampliarem per a l'enginyeria:

- Potenciar l'autonomia de l'alumnat, el pensament creatiu, reflexiu i crític, i la capacitat de auto i coavaluació.
- Interactuar social i professionalment amb el seu entorn mitjançant l'estudi de casos, la proposta de solució a problemes, el treball col·laboratiu...
- Comprovar si el treball que incorpora autoreflexió reforça l'aprenentatge de l'alumnat.
- Analitzar críticament i aportar propostes de millora en el desenvolupament del treball individual i col·laboratiu i portar-los a la pràctica. [4]
- I afegim que totes les accions anteriors les aplicarem en estudis d'enginyeria.

Com a objectius més generals, Cavas, Chicano, Luna i Molina subratllen la importància d'aquests en diferents estudis aplicats en la Universitat de Màlaga:

- Analitzar si aquestes tècniques d'autoavaluació i coavaluació constitueixen estratègies vàlides i fiables per estimular els coneixements, habilitats i capacitats contemplades en la filosofia de l'EEES.

- Avaluar de forma contínua el propi projecte d'innovació educativa. [5]

A més aquestes valoracions es converteixen en factors de correcció individuals que, aplicats a la qualificació comú del projecte, permet obtenir puntuacions específiques per a cada estudiant de l'equip. [6]

3. L'autoavaluació en enginyeria

Per a l'avaluació de projectes, en qualsevol temàtica i especialitat de l'enginyeria, el professor utilitza una sèrie d'Instruments d'Avaluació [7], basats en una sèrie de criteris objectius, consensuats entre els diferents professors de l'assignatura. A més, aquests criteris són comunicats anteriorment a l'avaluació, perquè els alumnes els coneguin. Aquest pràctica evita reclamacions de nota, perquè els criteris estan ben fixats, tot i que és freqüent que els alumnes en demanin argumentacions.

Siguin quins siguin els criteris per a l'Avaluació, han de complir amb la qualitat educativa: Adequació, Ètica, Veracitat i Integració, a més de les competències bàsiques [8] que s'estableixen en el programa de l'assignatura.

En les assignatures de projectes grupals, talment és freqüent la pràctica de la Retroalimentació grupal [9], on els alumnes documenten sobre escrit els errors comuns comesos, conceptes que han detectat que no estan clars i altres dubtes.

Arribats a aquest punt, la pregunta que ens plantegem és:

3.1. És possible l'autoavaluació en assignatures de projectes dins dels estudis d'Enginyeria Industrial?

Aquest estudi pretén continuar amb el que es va iniciar en el curs 2017-18 en que es van valorar els resultats dels alumnes en 2 assignatures: Expressió Gràfica de 1r curs i Metodologia de Projectes de 4rt, un total de 220 alumnes autoavaluats. [10].

Aquest curs, l'estudi s'ha centrat només en l'assignatura d'Expressió Gràfica i també amb 220 alumnes autoavaluats.

Tant en el curs passat com en aquest de realització de la fitxa d'autoavaluació, els resultats no han estat vinculants en la nota final de l'assignatura.

Cal comentar que en l'assignatura d'Expressió Gràfica que s'imparteix el primer semestre del primer any dels estudis de Grau, els alumnes s'estan adaptant a la universitat, al seu funcionament, a les seves infraestructures i equipaments, a les dinàmiques de les classes i als professors. A un món molt diferent del que han viscut fins ara a l'educació secundària. Aquests alumnes tenen 18-19 anys de mitjana.

L'objectiu de l'assignatura d'Expressió Gràfica de Primer curs és l'aprenentatge de la representació de plànols, tant individuals o de peces com plànols de conjunt d'objectes, assemblatges, explosionats, etc.

L'enfocament de l'assignatura és de caràcter pràctic, els alumnes desenvolupen un projecte grupal de 3 persones entre 3-6 setmanes. I durant les classes es realitza un seguiment exhaustiu del mateix.

El desenvolupament del projecte conté les següents fases:

- idea-plantejament
- croquis-mesurament

- representació de plànols
- desenvolupament de memòria
- presentació oral-visual davant la classe

Cal remarcar que es produeixen un seguiment i tutories del projecte per part del professor tant presencial com online, ja que els alumnes poden enviar parts del projecte o plànols per correu electrònic i es revisat pel professor.

En conseqüència, no solament hi ha una resolució de dubtes sinó que en la majoria de casos, ja suposen una primera correcció del projecte.

El projecte s'ha d'explicar i defensar en presentacions orals programades en l'última classe-sessió de l'assignatura.

En la presentació oral-visual, cada grup de 3 alumnes disposa de 10-12 minuts per explicar el seu projecte: objectius, plantejament, desenvolupament i conclusions. Acabada la presentació, els companys de classe han de fer aportacions i valoracions orals de cada projecte.

El professor exposa una valoració al final de cada presentació on comenta els punts forts i assolits de cada projecte però també els punts febles o millorables.

En aquest moment, cada alumne, ja de manera individual, pot fer una valoració del seu treball, després d'escoltar les aportacions tant dels companys com del professor i té més arguments per a l'autoavaluació.

3.2. Fitxa d'autoavaluació

L'autoavaluació té la finalitat que una persona faci una valoració d'ella mateixa o sobre un procés i/o resultat personal [11].

La fitxa d'autoavaluació contempla 3 aspectes a valorar: el projecte, el treball de grup, i l'assignatura.

La valoració del projecte i l'assignatura són valoracions personals, d'un mateix. En canvi, la valoració del treball de grup és una co-avaluació grupal una avaluació entre alumnes d'un mateix grup, referint-se a l'aportació del propi alumne al grup i talment, la visió i les aportacions del que han fet els altres membres del grup [12].

De cadascuna de les 3 parts es contemplen: 8 preguntes sobre el projecte, 5 preguntes sobre el treball de grup i 5 sobre l'assignatura. En total 18 preguntes. Els alumnes s'avaluen amb la possibilitat de 5 notes (de l'1 al 5), essent l'1 el més baix i el 5, el més alt.

En la fitxa d'Expressió Gràfica (Imatge 1) es pregunta per alguns aspectes concrets dels projectes com:

- La representació de peces
- L'acotació de les vistes
- La representació de talls i seccions
- El coneixement de geometria 3D

A més, se'ls pregunta de manera més general per: el temps destinat al projecte, el funcionament i cohesió de l'equip de treball i si s'han assolit els objectius de l'assignatura.

3.3. Processament de les dades

De la fitxa d'autoavaluació, s'ha recollit una nota, la del projecte que s'atorga l'alumne. La numeració de l'autoavaluació té la següent equivalència:

-5 - Nota Excel·lent (9 -10)

-4 - Nota Notable (7-8,99)

-3 - Nota Aprovat (5-6,99)

-2 – Nota Suspens (3-4,99)

-1 – Nota Deficient (0-2,99)

En les taules d'autoavaluació, les notes son les que es posa el propi alumne, referent al projecte que ha realitzat i a la nota que creu que obtindrà de tota l'assignatura.

Per tant, presentem els resultats de 2 estudis:

- PROJ_EG . Les notes que s'autoavaluen del Projecte els de1r curs d'Expressió Gràfica-
- DES_PROJ_EG. El desfasament de notes comparant l'autoavaluació amb la nota real corregida pel professor del Projecte d'Expressió Gràfica.

Per a les taules de desfasament es tindrà en compte els següents 5 valors:

- Mateixa nota. Quan l'alumne s'autoavalua amb la mateixa nota que l'ha avaluat el professor, la nota coincideix.
- Nota inferior-1. Quan la nota real obtinguda per l'alumne es un nivell inferior que la nota amb la que s'ha autoavaluat.
- Nota inferior -2.Quan la nota real obtinguda per l'alumne es 2 nivells inferior que la nota amb la que s'ha autoavaluat. En aquest cas, l'alumne té una percepció pròpia molt optimista de com li va, perquè després treu notes molt inferiors.
- Nota superior +1. Quan la nota real obtinguda per l'alumne es un nivell superior que la nota amb la que s'ha autoavaluat. Per tant, en aquest cas, l'alumne pensa que va més malament, del que realment després treu.
- Nota superior+. Quan la nota real obtinguda per l'alumne es 2 nivells superior que la nota amb la que s'ha autoavaluat. Després confirmarem que no hem trobat cap cas.

3.4. Resultats de l'Autoavaluació

Els resultats més destacats del curs 17-18 són:

PROJ_EG. (Les notes que s'autoavaluen del Projecte els de1r curs d'Expressió Gràfica).

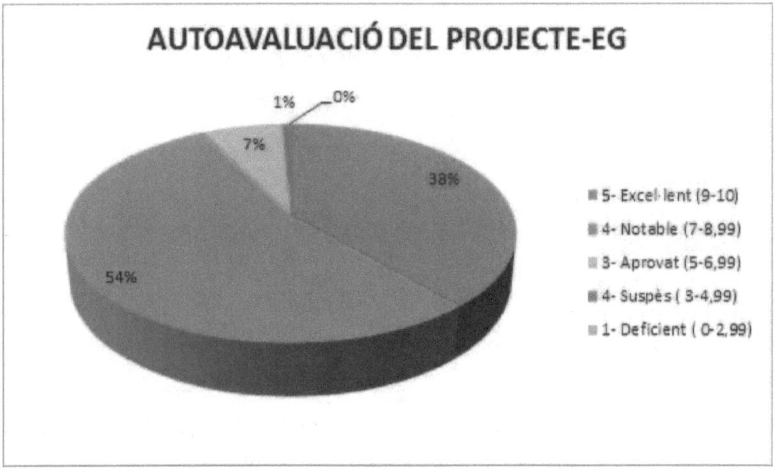

Figura 1. PROJ_EG. Notes de l'Autoavaluació del Projecte en Expressió Gràfica. Curs 17-18. Font: Pròpia

Un 92% del alumnes valoren el seu projecte amb una nota alta, dels quals un 54% ho fan amb una nota de notable. Només un alumne entre els 135 enquestats creu que ha suspès el projecte.

-DES_PROJ_EG. (El desfasament de notes comparant l'autoavaluació amb la nota real corregida pel professor del Projecte d'Expressió Gràfica)

Un 38% dels alumnes coincideix amb la mateixa nota que li ha atorgat el professor, mentre un 58% es posa una nota més alta de la que realment obté.

Com ja s'havia dit a l'inici de la comunicació, estem pendents de valorar les enquestes efectuades pel alumnes en aquest curs 2018-19, i s'estudiaran un cop estiguin avaluats els projectes per part dels diferents professors.

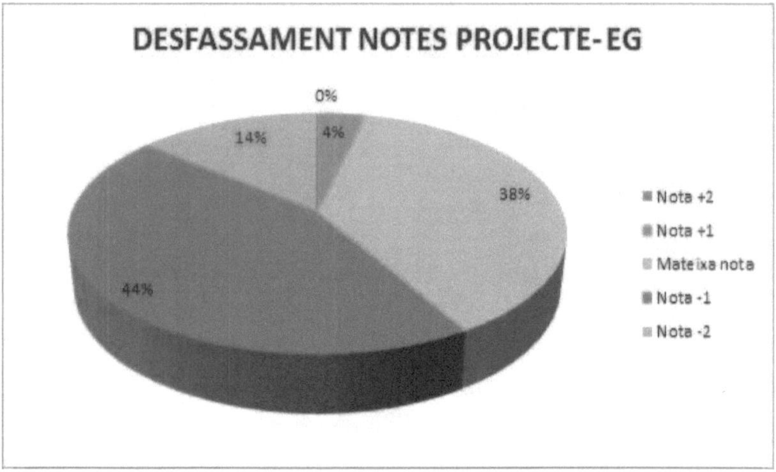

Figura 2. DES_PROJ_EG. . Desfasament de notes del Projecte en Expressió Gràfica. Curs 17-18. Font: Pròpia

4. Conclusions

4.1. Conclusions sobre els resultats

Algunes característiques dels resultats numèrics de les autoavaluacions són:

- Normalment l'alumne es puntua lleugerament millor que la valoració del professor.
- La nota que es posa l'alumne en el projecte sol ser lleugerament més elevada que la que es posa en el final de l'assignatura, probablement perquè en aquesta nota hi convergeixen altres criteris i notes, i el alumne els té en compte.

Altres conclusions sobre els resultats tenint en compte les respostes i observacions de les altres preguntes de la fitxa d'autoavaluació que no s'han processat numèricament:

- L'alumne sap fer millor la seva valoració de l'aprenentatge de les diferents parts del projecte.
- Cada alumne sap valorar adequadament la seva aportació al grup al que pertany.
- Si la dinàmica de treball del grup és satisfactòria, els resultats del projecte, també ho són.
- En canvi, si la dinàmica de treball de grup no funciona adequadament o hi ha conflictes dins del grup, aquests afecten negativament al desenvolupament i als resultats del projecte.
- Que el projecte sigui grupal, no condiciona el seu criteri per a fer una bona autovaloració.

4.2.Conclusions de la investigació

Plantejar una autoavaluació als estudiants d'Enginyeria ajuda en el seu aprenentatge i els ajuda a ser més responsables, tant amb la feina individual com en projectes de grup.

Si els projectes estan seguits i tutoritzats, després dels continguts teòrics i d'exercicis similars, l'autoavaluació és una eina que reforça el seu autoconeixement, a fer crítica dels projectes dels altres i a ser autocrítics per a poder assolir les competències de cada assignatura.

El treball d'autoavaluació sempre té una component psicològica, de treball autònom i de coneixement de la pròpia persona, per tant, va més enllà del treball estrictament pedagògic i d'aprenentatge de continguts.

El treball de posar per escrit posen en relleu la relació que s'ha establert entre l'alumne/a i l'assignatura, entre l'alumne/a amb el professor/a, i fins i tot, entre l'alumne i la universitat, podent ser de satisfacció o d'insatisfacció. Per tant, l'autoavaluació suposa un exercici de reflexió.

En aquests 2 primers anys de realització de la fitxa d'autoavaluació, els resultats no han estat vinculants en la nota final de l'assignatura. Però seguirem perseverant en millorar l'estudi, per tal de que en properes edicions i cursos, poder oferir l'autoavaluació com una veritable eina de avaluació i autoconeixement.

Referències

[1] LÓPEZ PASTOR, V. M. *Taller: Cuestiones claves sobre evaluación, docencia universitaria y convergencia europea. La evaluación formativa como alternativa más coherente.* E.U. Magisterio de Segovia- Universidad de Valladolid.

[2] BERNABÉ, G.; BLASCO, J.S. (2012). *Evaluación por pares y autoevaluación en el aula universitaria: una visión desde el enfoque por competencias.* Universidad Católica de Valencia San Vicente Mártir. Universidad de Valencia.

[3] SAMBELL, K.; Mc DOWELL, L., y BROWN, S. (1997). "But is it Fair?: An Exploratory Study of Student Perceptions of the Consequential Validity of Assessment". En: *Studies in Educational Evaluation.* https://doi.org/10.1016/S0191-491X(97)86215-3

[4] PALOMARES, A. (2011). *El modelo docente universitario y el uso de nuevas metodologías en la enseñanza, aprendizaje y evaluación.* Revista de Educación. N°355.

[5] CAVAS, M; CHICANO, J.F; LUNA, F; MOLINA, L. (2010). *La Autoevaluación y la Coevaluación como herramientas para la evolución continua y la evolución formativa en el marco del espacio europeo de educación superior.* IV Jornadas de Innovación educativa y enseñanza virtual en la Universidad de Málaga.

[6] JIMÉNEZ, G; LLITJÓS, A; (2006). *Reducción de calificaciones individuales en actividades cooperativas: una oportunidad para la coevaluación y la autoevaluación en la enseñanza de las ciencias.* Revista Eureka sobre Enseñanza y Divulgación de las ciencias. Vol 3, número 2. pp 172-187. https://doi.org/10.25267/Rev_Eureka_ensen_divulg_cienc.2006.v3.i2.01

[7] CADENATO, A.; MARTÍNEZ, M.; GALLEGO, I.; AMANTE, B.; JORDANA, J.; SÁNCHEZ, R.F.; FARRERONS, O.; ISALGUE, A.; FABREGAT, J. (2012). *Criterios para prácticas de evaluación de calidad.* Dins

de CIDUI 2012. La Universidad: Una institución de la sociedad. Barcelona.

[8] PÉREZ, A; CASADO, O; HERAS, C; BARBA, JJ. (2013). *Programar y evaluar competencias básicas en 15 pasos.* Editorial Grao. Serie competencias. pp 54-56.

[9] RODRIGUEZ, G; IBARRA, M. S; GARCIA, E. (2013). *Autoevaluación, evaluación entre iguales y coevaluación. Conceptualización y práctica en las universidades españolas.* Revista de investigación en Educación. Vol 11, número 2. pp 198-210.

[10] PUJOL A.; FARRERONS, O. (2018). *L'autoavaluació en enginyeria. L'aplicació de l'autoavaluació en projectes del grau d'enginyeria industrial com a eina d'avaluació i autoaprenentatge.* X Congres CIDUI. Girona.

[11] MILÁN, M.R; FUENTES, H.C; DE LA PEÑA, R. (2006). *La Evaluación como proceso participativo.* Revista Pedagogía Universitaria. Vol 2, número 4.

[12] CREBERT, G; BATES, M; BELL, B; PATRICK, C.J; CRAGNOLINI, V. (2004). *Developing generic skills at University, during work placement and in employment: graduates perceptions.* Journal Higher Education Research & Development. Vol 23. Issue 2. https://doi.org/10.1080/0729436042000206636

Recerca del Grup sobre Governament del Canvi Climàtic (GGCC)

Olga Alcaraz
EEBE. Física

Pablo Buenestado
EEBE. Matemàtiques

Bàrbara Sureda
EEBE. Expressió Gràfica a l'Enginyeria

Albert Turon
EEBE. Departament Física

Josep Xercavins
EEBE. Mecànica de Fluids

Resum

En aquesta comunicació presentem les principals línies de recerca del Grup sobre Governament del Canvi Climàtic (GGCC), el qual pertany al Grup Singular de Recerca en Sostenibilitat, Tecnologia i Humanisme (STH) de la UPC.
El GGCC va ser creat l'any 2014 amb la missió d'investigar i intentar incidir en les negociacions internacionals sobre el canvi climàtic, tenint present que l'equitat i la justícia climàtica s'haurien d'imposar en la lluita contra el canvi climàtic.
El GGCC està format per dos subgrups, un primer subgrup que treballa la vesant més acadèmica i científica del projecte i l'altre subgrup treballa a nivell polític i institucional.
Hem desenvolupat una proposta quantificada - basada en criteris de justícia climàtica per càpita - de la distribució entre els estats de la UNFCCC dels objectius de mitigació d'emissions definits per l'escenari RCP2.6 de l'informe AR5 del IPCC. Hem participat a les conferències de l'ADP i de l'APA, així com a les successives COP que

s'han fet des de l'any 2009 (COP 15, Copenhaguen), com a representants de la UPC. Hem treballat en la creació del Grup d'Amics per una Mitigació Ambiciosa i seguim treballant-hi per aconseguir nous amics.

1. Introducció

El grup de recerca sobre Governament del Canvi Climàtic (GGCC) es va crear l'any 2014. El GGCC pertany al Grup Singular de Recerca en Sostenibilitat, Tecnologia i Humanisme (STH) de la UPC.

L'objectiu principal del GGCC en el moment de la seva creació va ser començar un programa de treball de recerca interdisciplinari i d'acció política que, a partir del millor coneixement possible de la problemàtica del canvi climàtic, pogués ésser capaç d'elaborar una proposta d'acord mundial de mitigació dràstica de les emissions de CO_2 (i dels Gasos d'Efecte Hivernacle, GEH, en general) per poder contribuir a un final positiu, pel bé de la humanitat, a la COP 21 de París 2015.

Després de París 2015, la nostra missió s'ha vist reforçada. La posada en marxa i la implementació de l'Acord de París és un repte gairebé més important que el propi acord de París. L'Acord de París és un marc legal amb molts importants aspectes a concretar i desenvolupar ara i en el futur. S'han de desenvolupar metodologies, procediments i guies per tal de portar-lo a terme. Per tant, continuem investigant i intentant incidir en les negociacions internacionals sobre el canvi climàtic, tenint present que l'equitat i la justícia climàtica s'haurien d'imposar en la lluita contra el canvi climàtic.

2. Membres i estructura del grup

El GGCC està coordinat per Josep Xercavins i Olga Alcaraz.

Dins el grup de recerca hi ha dues línies de treball diferenciades, encara que cal destacar que en moltes ocasions convergeixen. Hi ha una línia de treball que és l'acadèmica-científica i un altre, que és la línia política.

Els integrants de la línia acadèmica-científica són: Olga Alcaraz, Pablo Buenestado, Barbara Sureda, Albert Turon i Josep Xercavins. Per altre banda, els de la banda política són: Olga Alcaraz, Laia Segura, Gisela Torrents, Albert Turon i Josep Xercavins.

3. Recerca desenvolupada

A continuació explicarem els principals àmbits en els que concentrem la recerca.

3.1. Model de Justícia Climàtica i avaluació INDCs.

Hem estat treballant en la proposta d'un Model de Justícia Climàtica . El model té com a objectiu repartir entre tots els països el Pressupost Global de Carboni (PGC) que encara podríem emetre. Aquest pressupost és compatible amb l'objectiu d'estabilitzar l'augment de temperatura superficial de la Terra per sota dels 2°C. És molt important subratllar que aquest pressupost està format per les últimes emissions de CO_2 d'origen fòssil que la humanitat podria encara llançar a l'atmosfera sense posar en risc l'objectiu de l'Acord de París.

Fer un repartiment del PGC és essencial perquè cada país disposi d'una referència de quin nivell de mitigació de les seves emissions s'hauria d'abordar. El repartiment es fa amb la finalitat de que la suma dels esforços de tots els països permeti assolir l'objectiu global dels 2 ° C.

El Model de Justícia Climàtica fa una assignació d'emissions futures entre els països utilitzant un criteri d'equitat (en base a assignar un igual nombre d'emissions per persona), i, també, tenint en compte la responsabilitat històrica diferenciada de cadascun dels països .

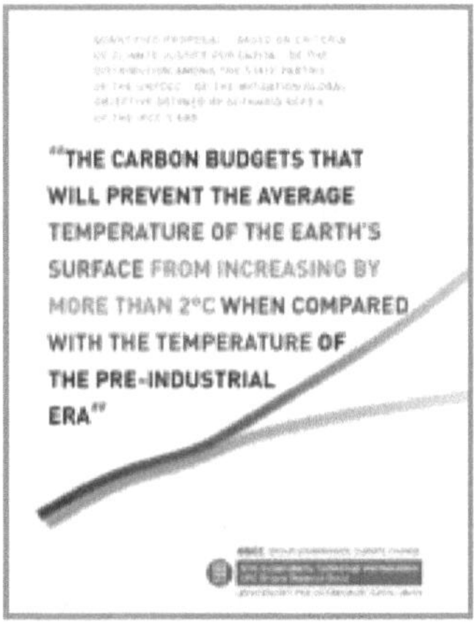

Figura 1. Portada general proposta. Font: Web GGCC.

S'han editat dos volums amb els resultats del Model de Justícia Climàtica:

- Volum I: Només per a emissions de CO2 (Web GGCC).
- Volum II: Per a les emissions de tots els GHG (Web GGCC).

I un tercer volum que avalua les INDCs presentades per als països de la UNFCCC:

- Volum III: Avaluació de les INDCs (Web GGCC).

Annex I: Draft agreement and draft decision on workstreams 1 and 2 of the Ad Hoc Working Group on the Durban Platform for Enhanced Action

UN *FCCC*	**FCCC/ADP/2015/L.6** *5 December 2015*	**Work of the ADP contact group incorporating bridging proposals by the Co-facilitators** *Version of 5 December 2015*
A. DRAFT AGREEMENT		

Article 3 *(MITIGATION)*

{Collective long-term goal}

1.[Parties [collectively][cooperatively] aim to reach the global temperature goal referred to in Article 2 through:
(a) [A peaking of global greenhouse gas emissions as soon as possible[, recognizing that peaking requires deeper cuts of emissions of developed countries and will be longer for developing countries]]
(b) [Rapid reductions thereafter [in accordance with best available science] to at least a X [-Y] per cent reduction in global [greenhouse gas emissions][CO2[e]] compared to 20XX levels by 2050]];
(c) [Achieving zero global GHG emissions by 2060-2080]
(d) [A long-term low emissions transformation] [toward [climate neutrality][decarbonization] [over the course of this century] [as soon as possible after mid-century];
(e) [Equitable distribution of a global carbon budget based on historical responsibilities and [climate] justice]

Figura 2. Annex I esborrany negociacions Acord París. Font: Web GGCC (1).

3.2. Incidència en les negociacions climàtiques

Un dels punts prioritaris per al grup era la incidència en les negociacions de l'Acord de París l'any 2015. Per tal de incidir-hi vam organitzar "side events" i diàlegs oberts durant la celebració de la COP 21 celebrada a París.

Arrel dels contactes realitzats tant en els "side events" com en els diàlegs oberts, el grup de recerca va treballar en la creació de l'anomenat "Grup d'amics per una mitigació ambiciosa, distribuint el pressupost de carboni amb criteris de justícia climàtica". El grup d'amics està integrat per El Salvador, Armènia, Bolívia i Mali. El GGCC segueix treballant per afegir nous amics al grup.

La proposta de justícia climàtica del GGCC va estar present dins l'esborrany de les negociacions de l'Acord fins a última hora (Figura 2), encara que finalment no es va acceptar.

Des de la COP 21 a París, el grup ha estat present en les principals cimeres i COPs realitzades. Cal destacar:

- Participació a les conferències de l'ADP - UNFCCC. Bonn, 2015:
  - Participació a la conferencia ADP 2.9 - UNFCCC. Bonn, juny 2015.
  - Participació a la conferència ADP 2.10 - UNFCCC. Bonn, setembre 2015.
  - Participació a la conferència ADP 2.11 - UNFCCC. Bonn, octubre 2015.

- Participació a les COP:
  - COP 22, Marràqueix 2016.
  - COP 23, Fiji-Bonn 2017.
  - COP 24, Katowice 2018.

- Participació a la APA:
  - APA 1-5, Bonn 2018.
  - APA 1-5, Bangkok 2018.

A hores d'ara seguim mantenint com a prioritat, la incidència, en la mesura del possible, en el desenvolupament de les metodologies, procediments i guies per tal de portar a bon terme l'Acord de París.

3.3. Prospectes, materials de difusió i llibres

El grup de recerca ha estat i està treballant en la elaboració de materials de difusió, prospectes i llibres. Alguns dels quals són:

- Pressupost Global de Carboni i Justícia Climàtica (Web GGCC).
- Els conceptes de pressupost global de carboni i de justícia climática.
- Pressupost Global de Carboni: Anàlisi de les INDCs (Web GGCC).
- L'anàlisi de les INDCs des de la perspectiva del Pressupost Global de Carboni i el Model de Justícia Climàtica per càpita.
- Pressupost Global de Carboni i Justícia Climàtica: Anàlisis per agrupacions de països (Web GGCC).
- Anàlisis per agrupacions de països dels resultats del Model de Justícia Climàtica per càpita.
- Els escenaris dels 2ºC per al països de la Mediterrània (Web GGCC).
- La translació dels escenaris dels 2ºC globals a la Mediterrània.
- Mirant envers les 2ones NDCs: Per a una implementació conjunta de les agendes climàtica i de desenvolupament (Web GGCC).
- Prospecte presentat a la COP 23 de Fiji – Bonn.
- Equitat, diferenciació i ODSs en la implementació de l'AP. Propostes de texts narratius (Web GGCC).
- Prospecte presentat a la conferència de Maig del 2018.
- Equitat, diferenciació i ODSs en la implementació de l'AP. Propostes de texts (Web GGCC).
- Materials elaborats per a la conferència de l'APA 1-6, Bangkok, setembre 2018

- La mitigación del cambio climático y el aumento de la producción agrícola para mejorar la salud humana (Alcaraz et al., 2018).
- Llibre elaborat arrel del conveni amb l'Obra Social La Caixa.

3.4. Participació als mitjans de comunicació, a internet i a les xarxes socials

Hem fet participacions a diferents mitjans de comunicació, així com a internet i a les xarxes socials (web GGCC).

Hem desenvolupat una pàgina web arrel d'un conveni amb l'Obra Social de "La Caixa", a hores d'ara ja finalitzat:

https://2c.ggcc.upc.edu/

3.5. Articles en revistes indexades

Tenim un article indexat publicat:

Alcaraz, O.; Buenestado, P.; Escribano, B.; Sureda, B.; Turon, A.; Xercavins, J. (2018) 'Distributing the Global Carbon Budget with climate justice criteria', Climatic Change. Springer Netherlands, pp. 1–15. doi: 10.1007/s10584-018-2224-0. https://rdcu.be/Puoc.

Tenim un altre article acceptat i pendent de publicació.

3.6. Docència i direcció TFGs i TFMs

Els professors que formem el GGCC participem en la docència de l'assignatura optativa "CANVI CLIMÀTIC: CIÈNCIA, ENERGIA, ECONOMIA, POLÍTICA I FUTUR" en els estudis de grau de l'EEBE, i l'assignatura "CAMBIO CLIMÁTICO: POLÍTICAS PARA SU MITIGACIÓN" en el màster universitari en Ciència i Tecnologia de la Sostenibilitat.

També cal destacar que habitualment dirigim TFGs i TFMs relacionats amb la nostra línia de recerca.

4. Propostes amb les quals estem treballant

Després de París i des d'aleshores, el GGCC ha estat seguint el Programa de treball en virtut de l'Acord de París, realitzant propostes per aconseguir una implementació de l'AP a la llum de l'equitat.

Les nostres principals propostes es refereixen:

- NDC: Relatiu a l'article 4 de l'Acord de París i als paràgrafs 22-35 de la decisió 1 / CP.21

- Marc de transparència: Relatiu a l'article 13 de l'Acord de París i als paràgrafs 84-98 de la decisió 1 / CP.21

- Pressupost global de carboni: relatiu a l'article 14 de l'Acord de París i als paràgrafs 99-101 de la decisió 1 / CP.21

- Marcs temporals comuns: Relatius a l'article 4 de l'Acord de París i els paràgrafs 22 a 35 de la decisió 1 / CP.21

Hem continuat enfortint la nostra relació amb els països que pertanyen al nostre "Grup d'Amics per a una forta mitigació", alguns d'ells d'Amèrica Llatina.

Hem signat un memoràndum d'entesa amb El Salvador, per assessorar-los en l'elaboració de la seva segona NDC.

Estem explorant noves formes de col·laboració amb els països en desenvolupament, i pel nostre llenguatge comú, especialment amb els països d'Amèrica Llatina.

Llistat acrònims

ADP: Hoc Working Group on the Durban Platform for Enhanced Action.

APA: Grup de treball sobre l'Acord de París.

AR5: Cinquè informe d'avaluació del IPCC.

COP: Conferencia sobre canvi climàtic.

GGCC: Grup sobre Governament del Canvi Climàtic.

GHG: Gasos d'Efecte Hivernacle.

INDC: Contribucions previstes determinades a nivell nacional.

IPCC: Grup Intergovernamental sobre el Canvi Climàtic.

NDC: Contribucions nacionals determinades.

PGC: Pressupost Global de Carboni.

RCP: Trajectòries de concentracions representatives.

STH: Grup Singular de Recerca en Sostenibilitat, Tecnologia i Humanisme.

TFG: Treball final de grau.

TFM: Treball final de màster.

UNFCCC: Convenció Marc de Nacions Unides sobre el Canvi Climàtic.

Referències

Web GGCC. https://sth.upc.edu/ca/ggcc

Estudi Mineralògic de l'Aigua de 150 Fonts del Montseny. Zones Nord i Oest - Alt Congost

Oscar Farrerons Vidal
EEBE. Expressió Gràfica a l'Enginyeria

Fortià Prat Bofill
Laboratori Prat

Resum

Durant la tardor 2016 es varen prendre mostres de l'aigua100 fonts del Montseny nord, i durant la tardor 2017 de 48 del Montseny oest. Immediatament es varen portar a terme anàlisis mineralògiques (pH, conductivitat, bicarbonat, clorurs, sulfats, nitrats, duresa, calci, magnesi, sodi, potassi, fluor) usant potenciometria, conductimetria, volumetria àcid-base, volumetria Möhr, turbidimetria, espectrofotometria UV, complexometria i fotometria de flama. Es varen comparar els diferents valors amb l'altitud, i després els valors entre les diferents zones geogràfiques. Es conclou que la mineralització de les aigües disminueix a mesura que augmenta l'altitud, molt pronunciat al nord i menys a l'oest del Montseny. Es destaca la baixa mineralització en general, i que les aigües són lleugerament bicarbonatades i càlciques, però que aquest fenomen és quatre vegades més present a les fonts del nord que a les del ponent. Tot i que el factor de relació entre les altituds de les fonts de les dues zones geogràfiques és de 1.6, els valors mineralògics entre dupliquen i tripliquen aquesta relació, de manera que s'afirma que malgrat que l'altitud és un paràmetre que influeix en la diferent mineralogia de les fonts, no n'és el principal.

1. Objectius

La bibliografia existent ja determina que les aigües del Montseny són de baixa mineralització per les característiques del terreny. Aquest treball analitza mineralògicament 100 fonts del Montseny nord (60 km2, bàsicament al municipi de Viladrau) i 48 fonts del Montseny oest i alt Congost (65 km2, municipis de Seva, el Brull, Balenyà, Centelles, Sant Martí de Centelles i Aiguafreda) per detectar la relació que es produeix entre les composicions minerals de les aigües i la seva altitud, i a la vegada per establir correlacions entre els paràmetres analitzats. La tria de les fonts analitzades ha estat en funció de cobrir la major part del terreny d'estudi, així com les més variades situacions possibles. S'han escollit tant mostres d'aigua de fonts situades en àmbit urbà com en boscà. Es pretén confirmar relacions hipotètiques que s'estableixen entre l'altitud i la majoria dels paràmetres minerals, comprovant que a més altitud menys clorurs, conductivitat, fluorurs, nitrats, pH, sodi... i visualitzar la manera que això es produeix al nord i a l'oest del Montseny, les seves diferències i similituds.

2. Metodologia

Per agafar les mostres d'aigua de les fonts s'han emprat ampolletes de 50 cl. d'aigua mineral usades, mai de begudes isotòniques, ni energètiques ni de refrescos. Tot i que les ampolletes no eren estèrils, es van esbandir un mínim de tres vegades amb l'aigua de la pròpia font abans de prendre la mostra, tot per evitar que els pocs residus que hi poguessin haver alteressin els resultats. Les mostres s'han transportat en el termini màxim d'un dia al laboratori homologat, que ha portat a terme les anàlisis en com a màxim un setmana, evitant les reaccions de l'aigua estancada. Donat que l'estudi és referent tan sols a les característiques minerals aquesta metodologia assegura uns resultats correctes de les mostres.

El laboratori encarregat de fer l'analítica ha estat Laboratori Prat SL de Torelló (carrer del Pont nº21), autoritzat per la Direcció General de Salut Pública amb el núm. LSAA-104-97, inscrit amb el núm. 300 com a Reconegut en el Registre de Laboratoris Agroalimentaris de Catalunya, que disposa de Sistema de Gestió de Qualitat conforme la Norma de certificació UNE-EN-ISO 9001:2008.

3. Anàlisis mineralògiques de les fonts del Montseny nord

Les fonts analitzades es troben entre una altitud mínima de 581m. i una màxima de 1.601m., consideració que ha incidit primerament en el tipus d'anàlisis a portar a terme. Per les característiques geològiques del terreny del Montseny nord, amb el valor de conductivitat, bicarbonats, calci i magnesi, ja es té una visió molt clara de la mineralització de l'aigua. Tot i així, donat els valors de conductivitat i bicarbonats que es van obtenir en les primeres mostres es va optar per analitzar també sulfats i clorurs. També s'han analitzat els silicats degut a la composició de la roca granítica del lloc. Així mateix s'ha analitzat pH, duresa de l'aigua, sodi, potassi i fluorurs.

3.1. pH

La metodologia d'anàlisis emprada per determinar el pH ha estat la potenciometria. El valor paramètric segons RD 140/2003 de les aigües de consum és troba entre 6,5 i 8,5; mentre que el valor mig de les 100 fonts analitzades és de 7,06. S'observa una relativa correlació lineal entre les fonts de més pH, amb les que tenen uns valors més gran de conductivitat. Hi ha fonts amb valor per sota del mínim del RD que solen estar a gran altitud. Es manifesta relació lineal entre pH i altitud: a mesura que disminueix l'altitud augmenta el pH.

3.2. Conductivitat

La unitat de mesura són microS/cm. El valor paramètric de la conductivitat segons RD és de 2500 microS/cm. El valor mig de les 100 fonts analitzades és de 185microS/cm, utilitzant la conductimetria com metodologia d'anàlisis. Les fonts que tenen un valor més alt estan properes al curs baix de la Riera Major de Viladrau. Per contra, les deus d'aigua que tenen els valors més baixos estan a força altitud. L'alta conductivitat de les fonts esta lligada amb la gran quantitat de bicarbonats i calci. A la vegada, també es demostra una relació lineal entre conductivitat i altitud de les fonts.

3.3. Bicarbonats

L'anàlisis usada ha estat la volumetria àcid-base. La unitat de mesura són mil·ligrams per litre. No té valor paramètric, ja que es considera que la presència de calci no afecta la salut i el seu excés ve mesurat pel paràmetre de conductivitat (VP 2500 mcS/cm.). Les deu fonts amb més bicarbonats es troben a una alçada mitja entre els 630 i els 987m. d'altitud i tenen una correlació significativa negativa, molt semblant a la de la conductivitat. Les fonts amb menys bicarbonats són les deus d'aigua a més altitud del Montseny nord.

3.4. Clorurs

El valor paramètric dels clorurs segons RD 140/2003 de les aigües de consum és de 250 mg/l. El resultat mig aplicant volumetria de Möhr de les fonts analitzades ha estat de 9.8mg/l. Les aigües amb més clorurs són en general de fonts relativament properes al nucli, i en una altitud entre 638 i 987m. Hi ha fonts que tenen valors relativament alts de clorurs (>30 mg/l) per la zona del Montseny de l'estudi, segurament perquè circulen per llocs amb roques ígnies que contenen altes concentracions de clorurs, com les biotites. Tot i això, es pot observar una relació lineal entre l'altitud i els clorurs, de manera que quan més alta és la font, tendeix a tenir menys clorurs.

3.5. Sulfats

L'anàlisi usada ha estat la turbidimetria. La unitat de mesura són mil·ligrams per litre. El valor paramètric dels sulfats segons RD és de 250 mg/l. El valor mig de les 100 fonts analitzades ha estat de 10,6 mg/l. Les fonts amb més sulfats de manera absoluta es troben entre els 600 i els 900 metres d'altitud.

3.6. Nitrats

La unitat de mesura són mil·ligrams per litre. Al RD 140/2003 els nitrats estan a l'Annex I, Apartat B.1, Paràmetres Químics. Quan el valor és superior a 50 mg/l. l'aigua no és apta per al consum humà. Els nitrats presents a les aigües de les fonts poden tenir com origen la dissolució de roques que els continguin, o la majoria de vegades per oxidació bacteriana de la matèria orgànica d'origen vegetal que hi ha al sòl. (fins a 10 mg/l.) En casos de contaminació els nitrats procedeixen de l'ús excessiu de fertilitzants als conreus o de les aigües residuals.

El mètode de determinació utilitzat ha estat l'espectrofotometria UV per poder calcular que el valor mig és 5.8 mg/l. de manera que es pot afirmar que les aigües de les fonts del Montseny nord són de gran qualitat ambiental. Quasi una desena de les fonts analitzades han donat un valor de 0.0 mg/l. i entre totes hi ha més de 50 fonts amb valors inferiors a 10 mg/l. que és el que es considera que de manera natural tindrien que tenir les aigües sense cap alteració. El fet que sol el 3% de la superfície del municipi de Viladrau estigui dedicat a usos agrícoles i menys d'un 2% a prats per ramaderia permet suposar que els valors de nitrats es mantindran en un futur en quantitats baixes.

Cal anar amb compte que tots aquests nitrats procedents de fertilitzants orgànics aplicats als conreus o d'aigües residuals domèstiques o ramaderes, poden portar associada una important càrrega microbiològica que pot arribar fàcilment a l'aigua de la font i posar en perill la salut de la població que la consumeixi.

En el cas dels nitrats, tot i que amb apreciables excepcions, també es compleix la correlació lineal entre altitud i mineralogia: a més altitud menys nitrats.

3.7. Duresa

La duresa és una qualitat de l'aigua relacionada amb el contingut en dissolució de cations metàl·lics no alcalins, bàsicament alcalinoterris calci i magnesi. La metodologia d'anàlisis ha estat la complexometria. El valor mig de la duresa de l'aigua de les 100 fonts analitzades és 8.4°TH.

Les fonts amb menys duresa estan situades a gran altitud. Es pot observar relació lineal rellevant entre les fonts de més duresa amb les de més conductivitat. S'observen excepcions a les fonts situades en els dipòsits al·luvials de la Riera Major i en roques ígnies.

3.8. Calci

La unitat de mesura són mg/l. No té valor paramètric, ja que es considera que la presència de calci no afecta la salut i el seu excés ve mesurat pel paràmetre de conductivitat (VP 2500 mcS/cm.) El valor mig, trobat amb complexometria, ha estat de 25.7 mg/l, baix per ser considerades aigües càlciques.

Les quatre fonts que tenen més calci són situades en una alçada entre els 640 i els 980 metres d'altitud. La font del Noi Gran, que té una llegenda relacionada amb un nen amb problemes de salut i creixement que va beure aigua d'aquesta font durant molt de temps i així és va fer gran i fort, té un valor analitzat de calci de 45.7 mg/l, que és situa entre els més alts. Casualitat o la llegenda popular atresora una mica de veritat històrica?

3.9. Magnesi

La metodologia d'anàlisis usada ha estat la complexometria. La unitat de mesura són mg/l. No té valor paramètric, la presència de magnesi no afecta la salut. El valor mig de les fonts analitzades ha estat de 4,7mg/l. Les anàlisi amb menys quantitat de magnesi han correspost a les fonts situades a gran altitud.

3.10. Sodi

Es mesura en mg/l. El valor paramètric del sodi segons RD 140/2003 de les aigües de consum és de 200 mg/l. La fotometria de flama ha permès analitzar el valor sodi de totes les aigües i calcular la mitja en 10.9 mg/l.

La gran majoria de les fonts del nord són hiposòdiques, amb valors significativament baixos. Tot i això n'hi ha algunes amb valors relativament alts, concentrades al voltant del tram baix de la Riera Major, en els dipòsits al·luvials de la Riera, que degut a la meteorització de plagiòclasi/feldspats que contenen poden enriquir en sodi les aigües que hi circulen. S'observa una relació lineal apreciable entre l'altitud i la quantitat de sodi en les fonts, excepte les ja comentades.

3.11. Potassi

La metodologia d'anàlisis emprada ha estat la fotometria de flama. La unitat de mesura són mil·ligrams per litre. Tampoc té valor paramètric, la presència de potassi no afecta la salut. El valor mig de les 100 mostres analitzades ha estat de 1.2 mg/l.

3.12. Fluorurs

Tot i que en un principi no s'havia considerat la possibilitat d'anàlisis de fluorurs, la relativa proximitat del l'àmbit d'estudi a Caldes, i les característiques de les seves aigües, ha portat a considerar aquesta anàlisis. Així s'ha demostrat que els fluorurs mantenen també la mateixa correlació que la resta de minerals en general respecte a l'altitud. El valor mig de fluorurs de les 100 fonts analitzades ha estat de 0.19 mg/l.

3.13. Correlacions mineralògiques

Un cop fetes totes les anàlisis i portats a terme el seu estudi es pot considerar que les correlacions més significatives entre l'altitud i els paràmetres analitzats són: altitud-conductivitat, altitud-duresa, altitud-bicarbonat, altitud-potassi, altitud-fluorur. Altres correlacions apreciables amb la conductivitat: conductivitat-duresa, conductivitat-bicarbonat, conductivitat-sodi, conductivitat-fluorur, conductivitat-potassi, I entre els propis paràmetres són: duresa-bicarbonat, duresa-nitrat, duresa-fluorur, duresa-potassi, nitrat-potassi, sodi-bicarbonat, potassi-bicarbonat i bicarbonat-fluorur.

4. Resultats fonts del Montseny nord

En general les fonts de Viladrau són de dèbil mineralització, lleugerament bicarbonatades i càlciques, amb concentracions típiques al voltant dels 90mg/l de bicarbonat i 25 mg/l de calci, gairebé totes hiposòdiques. La mineralització de les fonts disminueix a mesura que augmenta l'altitud com a conseqüència de la menor temperatura mitjana que afecta les reaccions de mineralització del granit. Així s'ha demostrat que les hipòtesis de partida que relacionaven més altitud amb menys clorurs, conductivitat, fluorurs, nitrats, pH i sodi eren correctes.

Es pot establir una relació també entre la duresa i la conductivitat de les aigües de les fonts del Montseny nord. A duresa més elevada també més alts són els valors de conductivitat.

Hi ha aigües amb valors de pH inferiors a 6,5 d'origen natural, degut a que són aigües normalment molt poc mineralitzades i agressives. Quan les aigües subterrànies van solubilitzant calci, el pH puja per quedar entre 7 i 8, i arriba a pH superior a 8,3 quan hi ha carbonats.

Les excepcions en la concentració de clorurs i sodi, en algunes aigües, es poden explicar per la situació de la font i la geologia. Hi ha 15 fonts amb valors de nitrats superiors a 10 mg/l., totes ells situades en llocs d'influència antròpica i/o amb activitat agrícola ramadera.

Podem afirmar que les aigües del Montseny nord en general són amb ions bicarbonat i calci majoritaris i conductivitat mitjana-baixa.

5. Anàlisis mineralògiques de les fonts del Montseny oest

Les fonts analitzades es troben entre una altitud mínima de 399m. i una màxima de 1.109m. Les mateixes característiques geològiques del Montseny nord, han portat a analitzar conductivitat, bicarbonats, calci i magnesi; i per poder portar a terme una comparativa adequada amb les analítiques estudiades al Montseny septentrional també s'ha analitzat sulfats, clorurs, pH, duresa de l'aigua, sodi i potassi. En aquest cas s'han obviat fluorurs però s'ha analitzat el ferro.

5.1. pH

El valor paramètric mig de les 48 fonts analitzades és de 7,46 pH. No hi ha cap font que superi els valors màxim ni mínim del RD 140/2003. Es pot apreciar una certa relació inversa entre altitud de la font i pH: a més altitud de la font menys pH, tot i que en menor mesura del que passava a l'estudi del nord, i amb gran variabilitat, el que fa pensar que no és una relació massa consolidada.

5.2. Conductivitat

El valor mig de les fonts analitzades és de 705 microS/cm, utilitzant la conductimetria com metodologia d'anàlisis. Es pot apreciar una gran diferencia entre aquest valor mig i el que es va trobar en l'anàlisi de les fonts del nord, un valor de sols un 26% de les fonts de l'oest.

Es demostra que les aigües de les fonts del costat oest del riu Congost tenen més conductivitat que les aigües de l'est, en especial de les parts més altes. En conjunt també s'aprecia una relació lineal entre l'altitud de la font i el seu valor de conductivitat, on les aigües de fonts de més altitud tenen menys conductivitat, tot i les variables geogràfiques detectades anteriorment.

5.3. Bicarbonats

Valor mig analitzat de 354mg/l. Les fonts amb més bicarbonats ajuden a fer la digestió i milloren l'activitat de la vesícula i el fetge, a la vegada que ajuden a mobilitzar i eliminar l'àcid úric en l'orina. També protegeixen el fetge i s'aconsellen per a persones diabètiques. L'alta conductivitat de les fonts esta lligada a la gran quantitat de bicarbonat de les seves aigües. No sembla apreciar-se cap relació lineal entre valors de bicarbonats i l'altitud de la font ni tampoc respecte a la seva distribució geogràfica dins de l'àmbit d'estudi.

5.4. Clorurs

El resultat mig (volumetria de Möhr) de les 48 fonts analitzades ha estat de 43.5mg/l. un valor que quadruplica el valor mig del Montseny nord. Les fonts amb més clorurs s'utilitzen freqüentment per a tractaments d'hidroteràpia per les seves propietats tranquil·litzants i balsàmiques. En contenir quantitats significatives de clorurs, estimulen les funcions metabòliques. Tot i que afavoreixen la circulació sanguínia i limfàtica, els metges adverteixen que no han ingerir aquesta aigua qui pateixi úlcera gàstrica, encara que sí pot usar-la en forma de banys. En general les fonts amb menys clorurs són aquelles que estan a major altitud, ja que es conserva la relació lineal observada en d'altra mineralització, tot i que amb notables excepcions.

5.5. Sulfats

Valor mig 59.8 mg/l. Si les comparem amb les aigües del nord, són cinc vegades més sulfatades. Les nou primeres fonts amb més sulfats estan situades al terme de Centelles; podem afirmar que en el cas de les aigües sulfatades té molta incidència l'àmbit geogràfic local. Tot i això no arribem als 200 mg/l. de sulfats que es consideren necessaris per definir aquestes aigües com a minerals sulfatades. En el cas dels sulfats també es demostra relació entre major altitud i menor mineralització. Un cas curiós és el de la font Amargosa, que malgrat el nom no acaba de tenir el sabor lleugerament amarg que se li suposa, i és que l'anàlisi sols ha detectat 22.0 mg/l. de sulfats, que és el mineral que en quantitats al voltant dels 200 mg/l dóna aquest sabor a l'aigua (pot ser degut a la quantitat relativament alta de magnesi).

5.6. Nitrats

Amb espectrofotometria UV s'ha calculat que el valor mig en 32.2 mg/l, dada alta que permet afirmar que les aigües de l'oest tenen un problema de qualitat ambiental. Deu manantials (21% de les fonts analitzades) superen els valors que donen l'aigua com no apta al consum humà (50 mg/l.), mentre que altres tretze (27%) superen els 10 mg/l. que indica la contaminació, tot i no arribar als límits no potables anteriors. L'àmbit geogràfic més afectat pels nitrats ha estat Seva i Centelles. No s'ha detectat cap relació entre l'altitud de la font i la quantitat de nitrats trobats a les seves aigües.

5.7. Duresa

La complexometria ha donat un valor mig 37.8° TH, molt superior al valor mig analitzat a les fonts del nord. Les fonts amb més duresa són del municipi de Centelles. Es pot observar que hi ha relació lineal rellevant entre les fonts de més duresa amb les que tenen més conductivitat.

5.8. Calci

Valor mig de 109.4 mg/l., mentre al nord era sols de 25.7 mg/l. Del total de 48 fonts analitzades 17 superen els 150 mg/l de calci, valor a partir del qual es poden considerar aigües minerals càlciques (indicades per a nens en període de creixement). Quasi totes a Centelles i Seva. L'alta conductivitat de les fonts esta lligada a la gran quantitat de calci de les seves aigües. No es manifesta cap tipus de relació entre l'altitud del manantial i la quantitat de calci en les seves aigües.

5.9. Sodi

El valor mig sodi de totes les mostres ha estat el doble que al nord (21.2 mg/l.) Quasi la meitat de les aigües analitzades són hiposòdiques (tenen menys de 20 mg/l. de sodi) i per tant beneficien les persones amb hipertensió arterial i problemes cardíacs. Exceptuant tres casos, hi ha una clara relació lineal entre l'altitud de la font i el sodi present. La font de Pinós no és recomanada a persones amb hipertensió arterial, ja que té un valor de més de 200 mg/l. de sodi.

5.10. Potassi

El valor mig de les 48 mostres analitzades ha estat de 3.5 mg/l. Les fonts amb més potassi es troben situades sobretot a Seva. No hi ha una relació lineal clara entre els valors paramètrics del potassi i l'altitud.

5.11. Font del Ferro

S'ha trobat una font clarament ferruginosa a Centelles, en la que a més dels valors minerals analitzats en totes les altres fonts, s'ha analitzat Amoníac (2,2mg/l), Nitrits (0,85mg/l.) i Ferro (2,5mg/l.). El fet de trobar valors relativament alts de nitrits i amoníac és degut a que les aigües ferruginoses tenen poder reductor i els compostos nitrogenats que poden arribar-hi com a contaminants, es redueixen.

5.12. Correlacions mineralògiques

Les correlacions entre l'altitud i els paràmetres analitzats són inversament proporcionals però poc significatives. A les fonts del Montseny nord el valor era en molts casos entre -0,5 i -0,7; al Montseny oest els valors estan entre -0,0 i -0,4. Les més significatives i més apreciables són entre els propis paràmetres: conductivitat-calci, conductivitat-bicarbonat i conductivitat-duresa, duresa-bicarbonat i duresa-calci. Això determina la composició mineral majoritària d'aquestes aigües.

6. Resultats fonts del Montseny oest - Alt Congost

El valor paramètric pH de les aigües és troba entre 6,80 i 8,05, situat dins del RD 140/2003. Les fonts del Montseny oest són de mineralització mitjana en general, però amb gran variabilitat en funció de l'àmbit geogràfic concret. A la zona més nord-oest, a Seva, Centelles i part del Brull, les aigües són de més alta conductivitat.

Totes les fonts són bicarbonatada-càlciques. En tres de les fonts del municipi de Centelles, el valor de sulfats supera els 140 mg/l i en la de Pinós el valor de clorurs és de 358,6 mg/l. Tots els paràmetres analitzats suposen valors mitjos que multipliquen entre quatre o cinc vegades aquests mateixos paràmetres analitzats a les fonts del Montseny nord.

Algunes fonts del municipi d'Aiguafreda tenen valors relativament alts de magnesi (>50 mg/l.) i el quocient Ca/Mg menor que la resta de les fonts.

Tot i que s'aprecia que la mineralització de les fonts disminueix a mesura que augmenta l'altitud, aquesta correlació és molt menys marcada que a les fonts del Montseny nord, i en alguns paràmetres passa a ser quasi be menyspreable. Igual com passava a de les fonts del Montseny nord, es pot establir una relació entre la duresa i la conductivitat de les aigües.

La meitat de les fonts tenen valors de nitrats superiors a 10 mg/l., totes ells situades en llocs d'influència antròpica i amb activitat ramadera, i d'aquestes una tercera part superen els valors de consum (50mg/l.) el que obliga que en el futur es prenguin mesures per controlar aquestes situacions de risc per a la salut pública.

7. Aigües del Montseny oest versus Montseny nord

Si comparem l'estudi de les aigües del nord amb les de l'oest trobem que la conductivitat mitja és 3.7 vegades més alta, la concentració de bicarbonats també 3.7 vegades més alta i la concentració de calci 4.4 vegades superior, figura 1.

La concentració de clorur és 4.4 vegades superior a les aigües de les fonts de l'oest que al nord, de sulfat 5.4, de nitrats 6.3, de magnesi 5.7, de sodi 1.9, i de potassi 2.9 més alta. La duresa de l'aigua també és més alta a l'oest que al nord, en un factor de 4.5, tal i com s'aprecia a la figura 2.

Les 48 fonts analitzades al Montseny oest tenen una altitud mitja de 598 m. mentre que les 100 fonts analitzades al nord tenien una mitja de 983 m. Tot i que el factor de relació entre les dues altituds és de 1.6, els seus valors mineralògics entre dupliquen i tripliquen

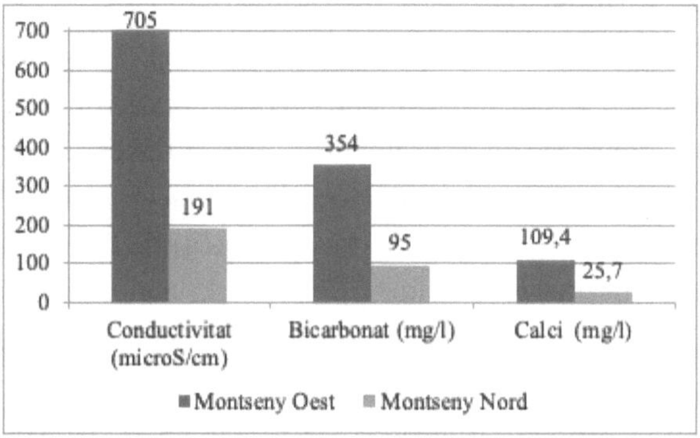

Figura 1. Relació de Conductivitat, bicarbonat i calci entre oest i nord. Font: pròpia.

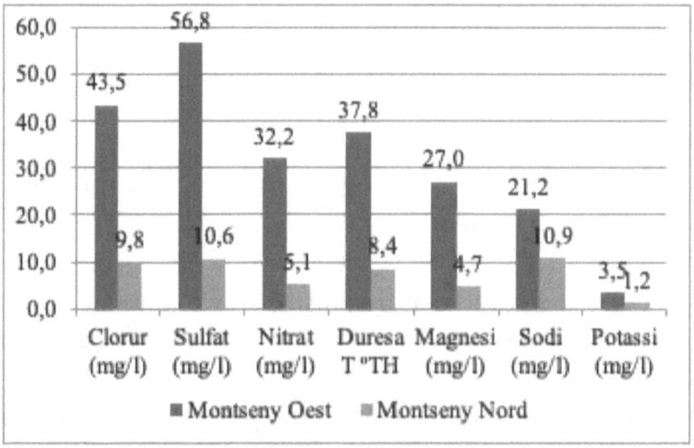

Figura 2. Clorur, sulfat, nitrat, duresa, magnesi, sodi i potassi entre oest i nord. Font: pròpia.

aquesta relació, de manera que podem afirmar que malgrat que l'altitud és un paràmetre que influeix en la diferent mineralogia de les fonts, no n'és principal.

8. Conclusions

Les fonts formen part del patrimoni natural, social i cultural del Montseny. És per aquest motiu que cal donar-les a conèixer i s'han de conservar i controlar periòdicament la qualitat de les seves aigües, per assegurar que les properes generacions en puguin gaudir. L'estudi de les tradicions, les llegendes, la història i l'anàlisi de l'aigua de cada una de les fonts permetrà afavorir i impulsar la conservació d'aquestes deus d'aigua. Des del punt de vista hidrogeològic es conclou que la mineralització de les aigües disminueix a mesura que augmenta l'altitud, molt pronunciat al nord i menys a l'oest del Montseny. Es destaca la baixa mineralització en general, però aquest fenomen és quatre vegades més present a les fonts del nord que a les de ponent, constatant que és un paràmetre que influeix de manera relativa en la diferent mineralogia de les fonts.

Referències

DE MIGUEL, C; VÁZQUEZ, Y. Origen de los nitratos y nitritos y su influencia en la potabilidad de las aguas subterráneas. *Minería-Geología*, 3 (2006), p. 1-9.

FARRERONS, O. Patrimonio cultural, histórico y natural de las fuentes del Montseny. *I International Congress of the Mountains (CIMAS)*, Granada. Març 2018. http://hdl.handle.net/2117/121367

FARRERONS, O. Recuperando a cultura das fontes e a água no Montseny. *X Congreso Ibérico de Gestión y Planificación del Agua.* Coïmbra (Portugal). https://fnca.eu/biblioteca-del-agua/directorio/file/2850?search=1

FARRERONS, O; CORELLA, A. Projecte Fonts del Montseny Viladrau, 2017. Recurs electrònic.

FARRERONS, Oscar; PRAT, Fortià. Anàlisis mineralògica de les fonts del Montseny nord. *AUSA*. Volum 27; Numero: 128 (2017). Pàgines: 693-719. http://www.raco.cat/index.php/Ausa/issue/view/25082/showToc

GALLART, M; JIMENEZ, N; MONTIJANO, V; OLIVÉ, M; ROS, A. Diagnosi ambiental i historicocultural de les fonts més representatives del Parc Natural del Montseny. *Monografies,* 30, Diputació de Barcelona, 2003.

MINISTERIO DE PRESIDENCIA. GOBIERNO DE ESPAÑA. REAL DECRETO 140/2003, de 7 de febrero, por el que se establecen los criterios sanitarios de la calidad del agua de consumo humano. Madrid, 2003.

PRAT, F; FARRERONS, O. Análisis de parámetros fisicoquímicos de aguas de 100 fuentes naturales del Montseny norte. *Tecnoaqua,* 25; P: 36-45. Junio 2017- mayo-junio. http://hdl.handle.net/2117/107655

PRAT, F; FARRERONS, O. Parámetros fisicoquímicos de las aguas de 48 fuentes naturales del Montseny oeste - Alto Congost y su comparación con las aguas del Montseny norte. *Tecnoaqua,* 31. 52-59. junio 2008. http://hdl.handle.net/2117/119313

PRAT, F; OLIVERAS, J; TORRESCASANA, E. Evolució dels nitrats analitzats a l'aigua de 87 fonts situades a la Osona. *Ausa* XXV 168 (2011). Pàg 252.

Utilización del Programa de CAD SolidWorks como Herramienta para la Explicación de Contenidos y Conceptos Teóricos en Ingeniería Gráfica

Vicente Hernández
ESEIAAT. Expressió Gràfica a l'Enginyeria

Francisco Hernández
ESEIAAT. Expressió Gràfica a l'Enginyeria

Resumen

En muchas ocasiones las explicaciones conceptuales relativas a la materia de Expresión Gráfica basadas en la comprensión del espacio, resultan difíciles de entender para el alumno, posiblemente debido a que aún no ha desarrollado suficientemente la capacidad para la interpretación del espacio, algo que si bien en parte es innato, también se ejercita y se aprende.
Es por ello que los profesores que imparten dicha materia suelen apoyar sus explicaciones en representaciones gráficas del espacio más comprensibles como por ejemplo las perspectivas, también frecuentemente utilizadas en enunciados de exámenes o prácticas.
Por otra parte, a día de hoy, disponemos de potentes herramientas de trabajo gráfico basados en el uso del ordenador como son los programes informáticos de CAD, entre ellos Solidworks, que incorporan espacios virtuales para el trabajo tridimensional y además tienen un funcionamiento basado en parámetros dimensionales y condiciones geométricas que se pueden interrelacionar.
De la combinación de los conceptos expuestos surge la idea de utilizar los espacios virtuales tridimensionales y la capacidad paramétrica del programa Solidworks, como herramienta para generar módulos didácticos de apoyo para la explicación de contenidos

fundamentados en la comprensión del espacio, con la intención de mejorar la eficacia en la comprensión de las explicaciones.

1.Preliminares

Empezaremos por mencionar que, a pesar de la sencillez de la idea, sustentada en la sustitución de piezas y mecanismos (cuya generación y diseño son el fundamento de los programas de CAD), por elementos teóricos relacionados con las explicaciones pretendidas, ha resultado ser innovadora, pues, hasta lo que nosotros hemos podido investigar, no conocemos que se haya realizado y aplicado como lo planteamos y explicamos en los siguientes apartados de esta comunicación.

Hemos podido comprobar de manera práctica que aquellas explicaciones fundamentadas en la comprensión del espacio resultan ser más eficaces apoyadas en los materiales docentes que vamos generando y por ello, hace ya algunos cursos, que venimos utilizándolo en las aulas y facilitándolo a nuestros alumnos.

También se debe mencionar lo que se podría definir como uno de los paradigmas del 3d, que consiste en que se están explicando cuestiones relacionadas con el espacio tridimensional pero a través de un medio bidimensional como es el monitor de un ordenador o un cañón de un proyector, medios que de manera instantánea solo muestran una imagen plana, y nuestro cerebro interpreta mejor el espacio tridimensional si este está en continuo movimiento. De esta manera será también labor y habilidad del profesor cambiar frecuentemente el punto de vista e incluso utilizar varias visualizaciones de manera conjunta.

Los materiales cuya generación proponemos requieren la intervención del profesor mientras los usa en las explicaciones o la del alumno cuando los utiliza como material de estudio, es por ello que no se pueden confundir con otros medios, también muy útiles sobre todo en el aprendizaje de procedimientos como son los videos, previamente grabados por el profesor, que después podrán ser visualizados repetidamente o pausados, etc., pero, entre otras cuestiones, no pueden adaptarse a los tiempos de explicación ni a las aclaraciones que pueda ir solicitando el alumno.

2. Objetivo

El objetivo principal es generar material de estudio avanzado referente a la parte de la materia de Expresión Gráfica que se fundamenta en conceptos del espacio tridimensional, para que pueda ser utilizado por el profesor en las aulas como apoyo en las explicaciones para mejorar la eficacia en la comprensión y asimilación de estas.

También a partir de un conocimiento y destreza mínima sobre el uso del programa utilizado, el material puede ser puesto a disposición del alumno para que lo utilice como material de estudio, mejorando de manera indirecta la habilidad en el uso del programa.

Mejorar la eficacia de las explicaciones en los temas mencionados repercute en que los tiempos empleados puedan ser acortados y con ello disponer de más tiempo para incidir sobre cuestiones concretas o destinarlo a otras explicaciones. En cualquier caso la tendencia de los últimos planes de estudio parece estar dirigida en el sentido mencionado.

Así mismo se habilita un campo de investigación en el que los profesores que lo deseen pueden participar generando sus propias aplicaciones que después les serán de utilidad en su labor docente.

3. Metodología

El proceso para generar estas aplicaciones es sencillo y solo requiere de los conocimientos intrínsecos de la materia, un buen nivel de conocimiento del programa Soliworks utilizado y la capacidad pedagógica que debe poseer todo profesor para afrontar su labor docente en las aulas.

El proceso comienza con la selección del tema, basado en la experiencia compartida del grupo de profesores que imparten una misma asignatura, que a través de su interacción con el alumnado detectan qué temas están generando mayores dificultades de comprensión.

Seleccionado el tema se han de definir los objetivos principales y parciales de la explicación que se pretende realizar.

Se tiene que estructurar la aplicación considerando los elementos que van a intervenir y la forma en que queremos que intervengan. El proceso se debe dividir en pasos secuenciales ordenados, incluso se pueden numerar, en función de los conceptos que se pretendan explicar.

Aunque los pasos se planifican con antelación de manera secuencial, como sea comentado, es el profesor, mediante su intervención en el momento de la explicación, quien dirige y controla todos los aspectos implicados, ya sea el orden, el tiempo de las explicaciones, etc. Pudiendo avanzar, retroceder, saltar pasos o parar para añadir elementos gráficos sobre la marcha en las explicaciones.

Cada elemento teórico empleado, como por ejemplo un plano de proyección, se comporta como una pieza en un ensamblaje (por ejemplo, se puede girar un valor controlado respecto a sus trazas con los otros planos de proyección o mantenerlo perpendicular, etc.). En su interior debe contener los elementos necesarios para soportar todas aquellas características que el profesor haya considerado convenientes para la explicación, como por ejemplo controlar la visualización, los rayos de proyección, el tamaño de las superficies, la dirección de proyección utilizada. Todo le permite al profesor interactuar e incluso introducir nuevos elementos sobre la marcha o destacar aquellos que considere oportuno.

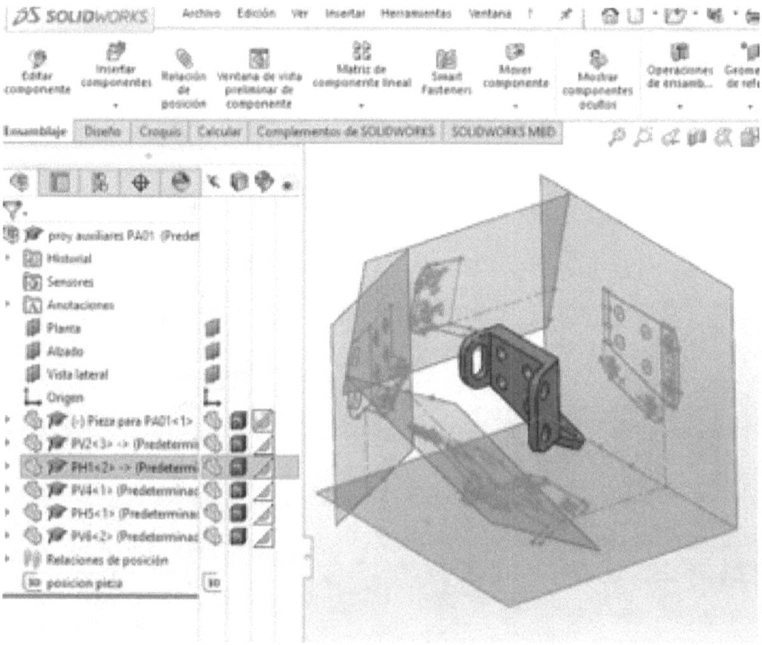

Figura 1.

Definidos y redactados los objetivos y planificada la estructura atendiendo a los comentarios mencionados, entraríamos en la parte técnica, de la que vamos a hacer una breve descripción como referencia, bien entendido que no hay una sola forma de proceder, dado que ésta solo está sujeta a la creatividad e imaginación.

El valor añadido de las aplicaciones que podemos generar se centra en la idea de aprovechar las características de un programa informativo diseñado para la creación de piezas y mecanismos para la explicación de conceptos relacionados con el espacio tridimensional, sustituyendo dichas piezas y mecanismos por elementos teóricos relacionados con lo que se pretende explicar.

Así pues, empezaremos diseñando con el módulo de pieza, como si fueran piezas mecánicas los elementos teóricos que han de

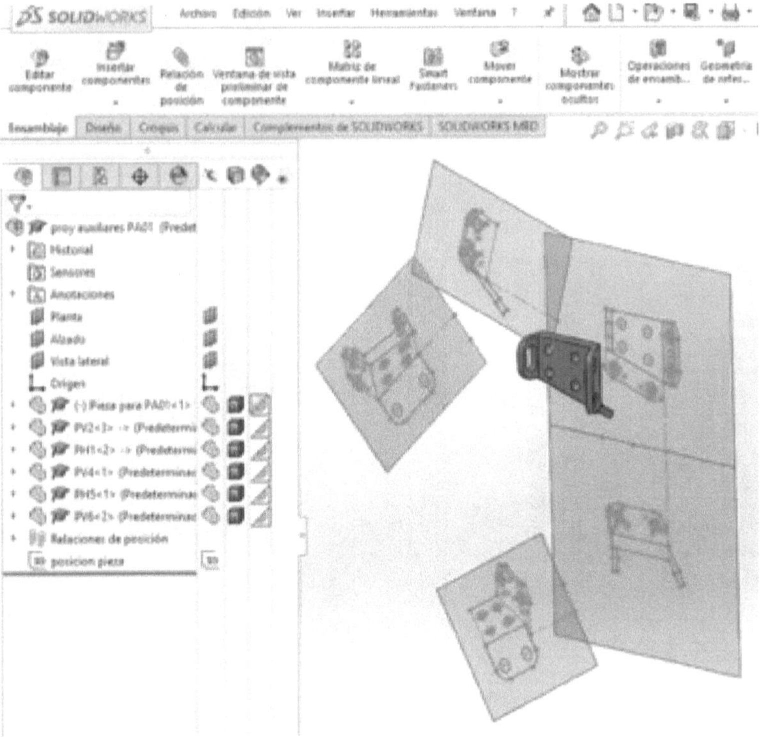

Figura 2.

intervenir en la explicación, planos, superficies, etc. Seguidamente, en el módulo de ensamblaje, introduciendo los elementos generados anteriormente como lo haríamos si estuviésemos montando un mecanismo. También se pueden generar de nuevos elementos teóricos a partir de los ya introducidos.

Las figuras 1 y 2 mostradas a continuación corresponden a la aplicación generada para la explicación sobre la obtención de vistas auxiliares simples y dobles de una pieza, y se puede observar la sustitución de piezas por planos de proyección, así como la secuencia empleada en dos momentos particulares escogidos, con el sistema de

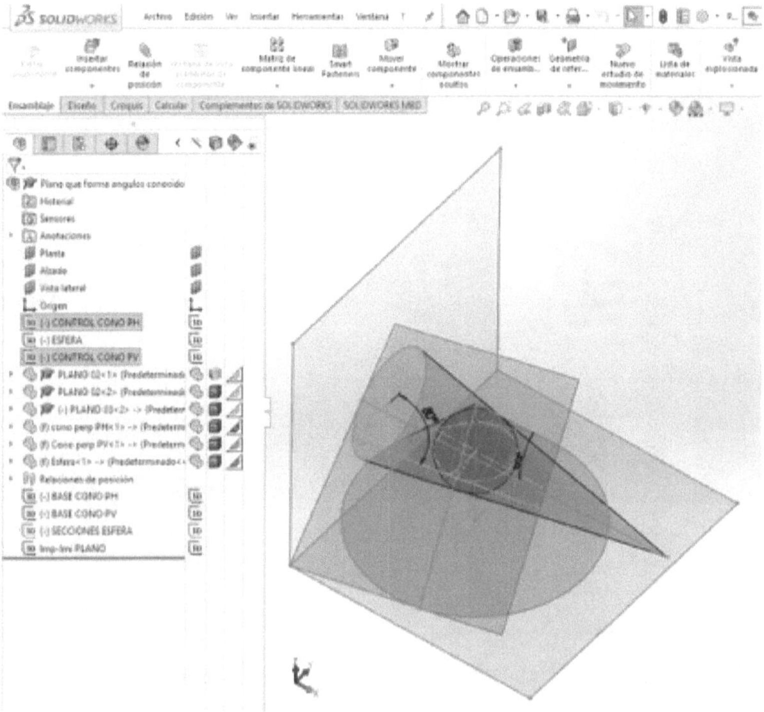

Figura 3.

planos de proyección desplegado espacialmente y abatido sobre un único plano.

Dentro del módulo de ensamblaje es conveniente generar un croquis 3d con los elementos necesarios, ejes, etc. para que actué como estructurador de los elementos teóricos que vayamos introduciendo o generando. Estos elementos se posicionaran en relación a los elementos del croquis 3d o a los otros elementos introducidos mediante de relaciones de posiciones básicas o extendidas para delimitar desplazamientos y rotaciones en función del objetivo previsto.

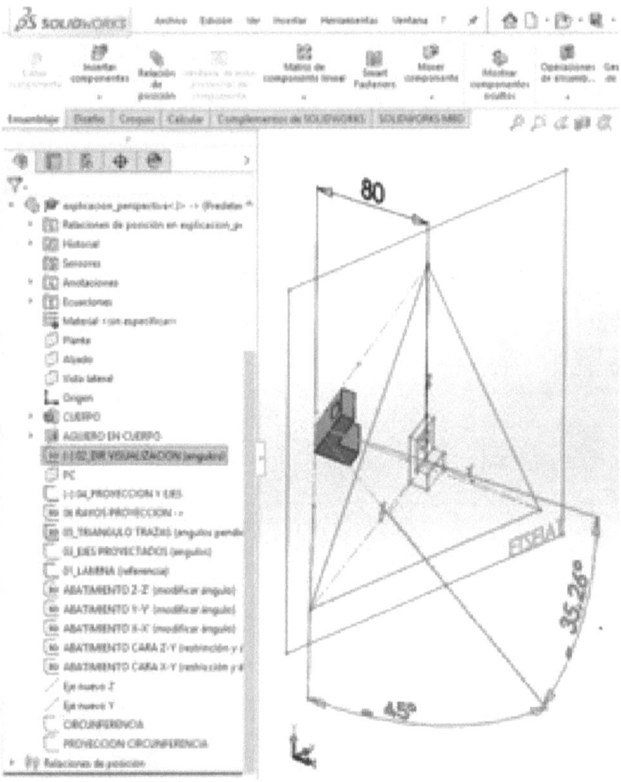

Figura 4.

Lógicamente estas relaciones de posición básica o avanzada son las mismas que se usan para el posicionamiento e interacción de las piezas de un mecanismo.

Quizás uno de los aspectos más relevantes y singulares del proceso se encuentre en la posibilidad de utilizar las relaciones de croquis para interrelacionar elementos internos de diferentes piezas, destacando relación "convertir" que permite proyectar elementos sobre un plano manteniéndose la proyección de manera interactiva.

La figura 3 se muestra una imagen correspondiente a un ejemplo generado con el programa para una aplicación sobre conceptos relacionados con los parámetros de las perspectivas axonometricas.

En la figura 4 se muestra otro ejemplo realizado para mejorar la explicación de los conceptos implicados en uno de los procesos que se pueden aplicar para obtener de un plano que forma ángulos dados con otros dos planos dados, en esta ocasión perpendiculares entre sí. Se trata de un proceso gráfico correspondiente a la materia de geometría espacial, que si bien esta implementado en el propio programa Solidworks y por ello se puede obtener con unos pocos clics de ratón, es conveniente conocer su fundamento.

Otro ejemplo de aplicación es la explicación de cuerpos, como por ejemplo los poliedros regulares donde se pueden investigar su construcción, su sección principal con su correspondiente interrelación de parámetros o las secciones particulares.

4. Conclusiones

De la novedosa manera de usar el Programa Solidworks que hemos presentado en esta comunicación podemos deducir una relación de conclusiones que exponemos a continuación:

- Su uso y aplicación esta al alcance de todos los profesores que posean el conocimiento teórico de la materia y práctico sobre el uso del programa Solidwoks.

- Su aplicación no solo se limita al área de conocimiento de la expresión gráfica sino que, mediante el ejercicio de la imaginación, se puede hacer extensivo a otras áreas.

- El proceso es extrapolable a otros programas de CAD que tenga implementado el trabajo con espacios tridimensionales virtuales.

- Abre una vía de investigación en la que pueden participar todos aquellos profesores que lo deseen generando nuevas aplicaciones.

- Ha demostrado ser útil en la mejora de la comprensión de las explicaciones realizadas por los profesores en el aula.

Referencias

HERNÁNDEZ, F.; HERNÁNDEZ, V. (2008). Ingeniería gráfica: Introducción a la normalización.

AYUDA EN LINEA DE SOLIWORKS 2018. http://help.solidworks.com/2018/spanish/SolidWorks/sldworks/r_welcome_sw_online_help.htm

Eines Digitals per a la Intel·ligència Col·lectiva

Josep Mª Monguet
ETSEIB EUPVG. Expressió Gràfica a l'Enginyeria

Àlex Trejo
EUPVG. Expressió Gràfica a l'Enginyeria

Resum

Trajectòria recerca-innovació en l'àmbit de les eines digitals que promouen i faciliten la implantació d'estratègies d'intel·ligència col·lectiva en entorns d'innovació. Es plantegen possibilitats de col·laboració.

1. Àmbit de recerca – innovació

La nostra recerca crea tecnologia digital a l'àmbit de la intel·ligència col·lectiva. Amb una aproximació multidisciplinària, combinem disseny, tecnologia i gestió, per a idear, desenvolupar i validar eines de participació i de consens.

El camp d'aplicació de les eines es el de la salut i el benestar.

Les eines digitals actualment operatives, i desenvolupades per l'empresa Onsanity[1], són:

- **SmartDelphi**. Eina basada en el sistema Delphi modificat i que s'aplica per facilitar processos participatius i de consens.
- **pinn. Potential of innovation**. Eina per ajudar a les organitzacions a mesurar i desenvolupar la seva capacitat innovadora.

[1] https://onsanity.com

- **Co-learning**. Sistema que combina diverses eines i models per a la formació basada en tècniques de co-aprenentatge.

- **Intelligent Teams**. Eines per a promoure la intel·ligència col·lectiva d'equips innovadors.

2. Possibles col·laboracions

Hi ha diversos àmbits de treball, molt oberts en els que es cerca la col·laboració d'altres professionals-acadèmics.

- Millora dels sistemes de participació amb estratègies d'IA i de ML.

- Aplicació d'eines digitals a la millora de la visualització de dades massives.

- Aplicació d'eines estadístiques a la millora de l'anàlisi de resultats.

- Identificació d'àmbits d'aplicació de les eines disponibles.

Referències

Llovet, M. I., Biosca, C., Martínez-Iribarren, A., Blanco, A., Busquets, G., Castro, M. J., ... & Prieto, J. (2018). Reaching consensus on communication of critical laboratory results using a collective intelligence method. *Clinical Chemistry and Laboratory Medicine (CCLM)*, *56*(3), 403-412. https://doi.org/10.1515/cclm-2017-0374

Martí, T. I. N. O., Monguet, J. M., Trejo, A. L. E. X., Escarrabill, J. O. A. N., & Constante, C. (2014). Collective health policy making in the Catalan Health System: applying Health Consensus to priority setting and policy monitoring. In *Collective Intelligence Conference* (pp. 1-5).

Martí, T., Monguet Fierro, J. M., Trejo Omeñaca, A., & Ecarrabill, J. (2015). Consenting Non-Technical Skills in chronic care healthcare professionals: applying Health Consensus in collective self-assessment. In *Collective Intelligence 2015: Santa Clara, California: May 31–June 2, 2015: proceedings book* (pp. 1-4).

Monguet, J. M., Trejo, A., Martí, T., & Escarrabill, J. (2017). Health Consensus: A Digital Adapted Delphi for Healthcare. *International Journal of User-Driven Healthcare (IJUDH)*, *7*(1), 27-43. https://doi.org/10.4018/IJUDH.2017010103

Monguet, J. M., Trejo, A., Martí, T., Espallargues, M., Serra-Sutton, V., & Escarrabill, J. (2016). Assessment of chronic health care through an internet consensus tool. In *Handbook of research on trends in the diagnosis and treatment of chronic conditions* (pp. 424-443). IGI Global. https://doi.org/10.4018/978-1-4666-8828-5.ch020

Monguet, J., Ferruzca, M., Gutiérrez, A., Alatriste, Y., Martínez, C., Cordoba, C., ... & Aguilà, J. (2010, October). Vector consensus: decision making for collaborative innovation communities. In *International Conference on ENTERprise Information Systems* (pp. 218-227). Springer, Berlin, Heidelberg. https://doi.org/10.1007/978-3-642-16419-4_22

Experiencias Docentes: Grado de Ingeniería de Diseño Industrial y Desarrollo del Producto

José María Ibáñez García
EUPVG. Expressió Gràfica a l'Enginyeria

Resumen

El autor del presente documento quiere reflejar una serie de experiencias propias relacionadas con la docencia de las asignaturas Metodología del Diseño (MEDI) e Ingeniería de la Usabilidad y la Accesibilidad (ENUA), de tercer y cuarto curso respectivamente, que se imparten en la Escuela Politécnica Superior de Ingeniería de Vilanova i la Geltrú (EPSEVG).
Con la clara idea de contribuir al proceso de mejora del aprendizaje y, actualizando los contenidos de apoyo al estudio, mediante actividades dirigidas académicas y también complementarias, el autor trata de aunar el método y el conocimiento que se genera en clase y el conocimiento del ámbito profesional que se actualiza prácticamente a diario.
El objetivo es disponer de un enfoque práctico en asignaturas metodológicas: tener una base proyectual, ayuda a aumentar el grado de curiosidad, fomenta la creatividad, la calidad del diseño y la innovación aportada por el alumnado. Con esta manera de proceder, sin condicionar en exceso las propuestas creativas de los alumnos, el profesor actúa como facilitador de una experiencia centrada en el alumno, potenciando tanto el interés académico de las actividades propuestas, como la motivación de los estudiantes por poner en práctica los recursos y ampliar conocimientos adquiridos.
Siguiendo estos planteamientos, el autor recibió una beca (AAD_2013) para las actividades dirigidas de apoyo al profesorado

de las universidades públicas del sistema universitario catalán y de la Universitat Oberta de Catalunya.

1. Introducción

Año tras año, el autor de este documento recibe un número creciente de invitaciones de alumnos egresados para contactar mediante la plataforma LinkedIn[2]. Este hecho se constata por el incremento en el estado español del uso de este medio por parte de las empresas para reclutar a profesionales.

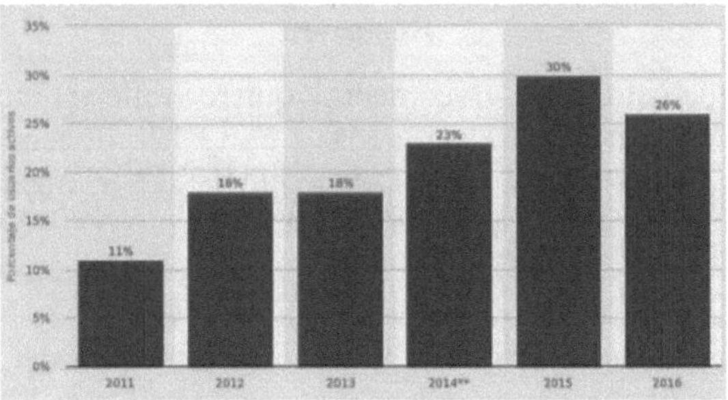

Figura 1. Evolución del % de usuarios de Internet con perfil activo en España en 2016. Fuente: LinkedIn/Statista.

Desde dicha plataforma se han estado analizando un gran número de ofertas laborales, para descubrir que los trabajadores deben disponer de lo que se conoce por *soft skills*. Éstas son unas habilidades difíciles de medir, pero que sirven para crear buen ambiente en el trabajo. La más solicitada en 2019: la creatividad.

---

[2] Plataforma online de contactos profesionales con más de 450 millones de usuarios registrados en todo el mundo.

2. Creatividad, diseño e innovación

2.1. Planteamientos y definiciones iniciales

El planteamiento de los proyectos a realizar en el transcurso de una asignatura puede elegirse entre dos opciones: un tema previamente definido y condicionado en su totalidad por el profesor, o una temática que se vaya precisando durante el transcurso de las sesiones de clase.

Las dos posibilidades son válidas pero, con unas directrices básicas por parte del docente para facilitar los pasos a dar, ésta última opción permite al alumnado una implicación mucho más directa en el desarrollo del trabajo desde su inicio. La experiencia en clase demuestra que querer aplicar esta segunda opción no resulta sencillo y se genera incertidumbre (inherente a la novedad).

Resulta necesario establecer unas definiciones que permitan entender al alumnado la relación existente entre los términos creatividad, diseño e innovación, puesto que condicionan el enfoque y el entendimiento de proyectos de los alumnos de los estudios de Ingeniería en Diseño Industrial:

- Creatividad: capacidad para crear ideas novedosas y explotar sus oportunidades. Implica adquirir conocimiento, ser entusiasta y tener motivación.

- Diseño: transformar una idea o pensamiento en un resultado tangible (producto) o intangible (servicio). Es un proceso de toma de decisiones.

- Innovación: aplicación satisfactoria de nuevas ideas (creatividad). Coexisten la selección y la conceptualización de la idea (labor del diseñador) y el desarrollo- concreción de esa idea y su producción (labor del ingeniero).

2.2. Sobre la creatividad

El concepto creatividad se relaciona con el pensamiento original, con la imaginación constructiva, con el planteamiento divergente, con la inteligencia emocional y los diferentes tipos de memoria (corto, medio y largo plazo). Es una cualidad presente en todo ser humano que depende de la base biológica de cada persona y de sus condiciones ambientales y relacionales.

Cada acto creativo es diferente e implica la creación de sinapsis[2] entre las zonas cerebrales que regulan los procesos intelectuales básicos y procesos más complejos adquiridos en la educación y el desarrollo del individuo. Según el desarrollo intelectual de cada ser, la creatividad se manifiesta en uno de los siguientes niveles:

- Expresivo: capacidad para encontrar respuestas inmediatas a estímulos (intuición, la improvisación y la espontaneidad.

- Productivo: a la espontaneidad le sustituye cierta técnica que permite crear estrategias para conseguir unos objetivos concebidos previamente.

- Inventivo: se basa en la flexibilidad perceptiva que permite establecer relaciones entre distintas ramas del conocimiento y generar algo novedoso.

- Innovador: el valor reside en que el precursor de la idea procede de una disciplina ajena al ámbito en el que se trabaja. La empatía permite captar la esencia de una realidad concreta y tener la posibilidad de cambiarla.

- Emergente: supone la creación de principios nuevos, genera un reconocimiento social y un punto de inflexión en ese ámbito de conocimiento.

Figura 2. Alumnos de MEDI durante una sesión de trabajo UPC – EPSEVG. Fuente: Blog Chema Ibáñez

La situación habitual de trabajo en el aula, se da con un grupo de alumnos de la misma especialidad, por lo que parte de la labor a desarrollar consiste en sobrepasar el llamado nivel expresivo y sentar las bases del nivel productivo. Si en el grupo hay alumnos que tienen distinta formación y experiencia, podrían llegar a tratarse el resto de niveles antes mencionados.

2.3. Sobre el diseño centrado en las personas-usuarios

Resulta necesario completar la definición inicial del término Diseño, comentando la relación existente entre los conceptos Diseño Centrado en las usuarios (DCU)[3], *Human Centered Design (HCD* y *Design Thinking* (pensamiento de diseño).

Si nos remontamos a finales de los años sesenta, encontraremos que autores se refieren al diseño como la ciencia de la creación de lo artificial. El paso de la idea a la realidad es un proceso que implica organizar etapas para aclarar la incertidumbre del conocimiento humano. Con la redacción de proyectos se sistematiza el tratamiento de datos para modificar o añadir nuevos conocimientos a los ya existentes.

A principios de los años setenta, encontramos referencias que establecen que el diseño debía considerarse como un proceso cuyo objetivo es mejorar los "entornos existentes" y convertirlos en "entornos preferidos", definiéndose el término "problema complejo" (*wicked problem*) para referirse a un problema abierto y en evolución. Se hace notar la creciente importancia de la empatía al enfrentar el diseño de productos o servicios.

En la década de los ochenta se argumenta que el diseño debía entenderse como una disciplina independiente, reconociendo así la intuición del diseñador sobre "las cosas por saber y las maneras de conocerlas" (referencias tempranas al concepto *Design Thinking*). Se acabaría popularizando el término DCU (Diseño Centrado en el Usuario) al ser utilizado en la publicación "*The Design of Everyday Things*". Ésta es una manera de pensar o de ver las cosas

---

[3] El estándar internacional ISO 9241-210:2010 (antiguo ISO 13407:1999) describe seis principios que caracterizan el DCU: entender el contexto (usuarios/tareas/entornos), involucrar a los usuarios en el diseño y el desarrollo, refinamiento y evaluación centrados en los usuarios, proceso iterativo, diseño dirigido a la experiencia del usuario, equipo de trabajo multidisciplinar.

en base a las necesidades del usuario (metodología participativa) para evitar el diseño de elementos difíciles de entender o manejar (desarrollados sólo en base a conocimientos previos).

En los noventa se describe la disciplina del *Design Thinking* como un reflejo de la cultura contemporánea. Sirviendo de base para la interpretación y resolución de "problemas complejos", se señalaba la importancia de mantener una colaboración constante y multidisciplinar entre la investigación y la práctica. Interesante también es la caracterización que se le daba al Diseño como práctica que se abordaba a través de reflexiones cognitivas, ya que se debía lidiar constantemente con la incertidumbre, la singularidad y el conflicto.

Llegando a nuestros días, el diseño participativo ha ido cobrando importancia a través de la integración de las personas/usuarios finales para testear determinadas fases del desarrollo de los proyectos. Se ha ido normalizando el planteamiento de un diseño colaborativo, dirigido a transformar el papel de "diseñador pasivo" de las personas/usuarios finales en un papel de "diseñador participativo".

2.4. Sobre la innovación

Dada la evolución en el tiempo del concepto innovación, para realizar mediciones y estudios pueden admitirse muchos tipos de clasificación[4]: atendiendo al propio objeto de la innovación, según el campo de aplicación, teniendo en cuenta el origen de la misma, etc.

---

[4] El Manual de Oslo (ediciones 1992, 1997, 2005) es la primera fuente internacional de directrices para la recogida y uso de datos sobre actividades de innovación en la industria definiendo un marco conceptual y metodológico.

Según el "Informe de Competitividad Global" del *World Economic Forum (WEF)*[5], la innovación es un factor básico de la competitividad.

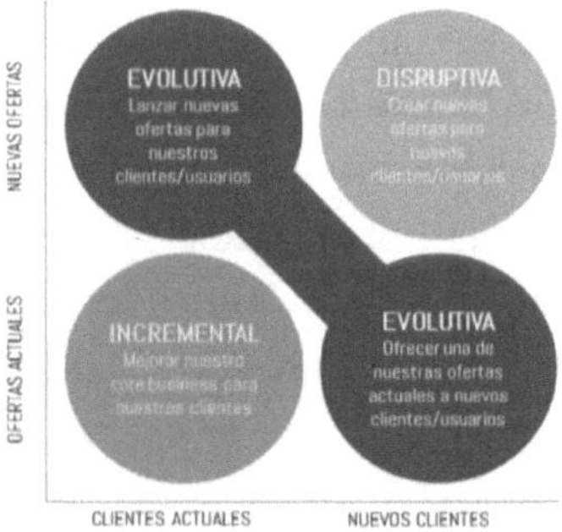

Figura 3. Clases de innovación.
Fuente: conferencia *Pasión por la innovación.*

Para el desarrollo de las clases distinguimos: la innovación incremental, la evolutiva y la disruptiva (o radical). Esta clasificación se plantea en base al impacto que producen los distintos tipos de innovación sobre las personas-usuarios.

La gráfica[6] muestra las definiciones de los términos comentados.

---

[5] El Foro Económico Mundial (WEF) es una institución internacional dedicada a mejorar la situación del mundo a través de la cooperación público-privada. Anualmente celebra su asamblea en Davos (Suiza) en la que se reúnen los principales líderes empresariales, líderes políticos internacionales, periodistas e intelectuales para analizar problemas apremiantes a nivel mundial (entre ellos la salud).

[6] Extraídas de Castellarnau, Alex. *Pasión por la Innovación* [conferencia]. Lima: Ipaeinnova, 6 de junio del 2013.

3. Sesiones de trabajo con el alumnado

La dinámica de incluir en los proyectos la exploración de las necesidades, intereses o comportamientos de las personas o usuarios de un producto o servicio, es una vía para la creación de nuevo conocimiento: tercera misión de la universidad[7].

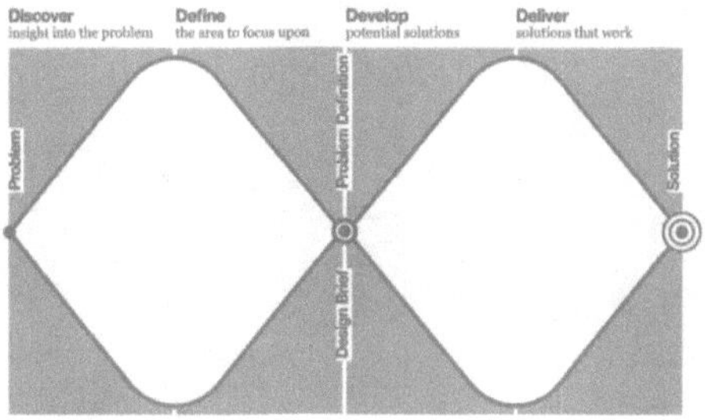

Figura 4. Mapa visual del proceso de diseño.Convergencia y divergencia de datos. Fuente: Design Council 2014

Afrontar la incertidumbre con un enfoque creativo es necesario, puesto que en el planteamiento y desarrollo de proyectos, se suceden etapas de trabajo que se van a ir caracterizando por la divergencia (definición de posibles opciones) y la convergencia de datos (valoración, toma de decisiones y elección).

En el entorno académico, el docente debe hacer un gran esfuerzo para lograr que el alumnado disponga del mejor de los encajes entre los aspectos teóricos propios. En este sentido, jugando el papel de facilitador, se pretende generar un ambiente de trabajo en clase que sirva para que el alumnado experimente lo

---

[7] Junto a la transmisión de conocimiento (formación) y la investigación (creación de conocimiento), la transferencia de tecnología/conocimiento, es la "tercera misión de la universidad". Incluye los ámbitos "no tecnológicos" y las situaciones donde se transmite el "saber hacer" (*know-how*) y no un conocimiento "encapsulado".

importante de la cooperación entre investigadores y técnicos para hacer frente a los retos que plantea la sociedad.

Figura 5. Alumnos de ENUA proyecto colaborativo EPSEVG-Vida Festival. Fuente: Blog Chema Ibáñez

4. Reflexiones del autor

Con las actuaciones que se desarrollan por parte del profesorado durante la celebración de las sesiones teórico-prácticas, se pretende reforzar el triángulo del conocimiento (educación, investigación e innovación) y lograr que el alumnado consiga adquirir las competencias de la titulación a las cuales contribuye la asignatura en cuestión (las específicas o bien las transversales).

Este tipo de actividades provocan que las inquietudes de gran parte de los alumnos vayan más allá de una entrega de trabajos y la obtención de una nota. Quizá la evidencia más importante es que retro-alimentan la asignatura y sirven para actualizar el enfoque y las temáticas de trabajo actuales y futuras.

Teniendo en cuenta el perfil técnico de alumnos de los estudios de Grado en Ingeniería de Diseño Industrial y Desarrollo del Producto, los trabajos que se hacen en las clases con este tipo de planteamiento son de utilidad para los alumnos incluso pudiendo trascender el ámbito estrictamente académico.

Como se mencionaba anteriormente, debe reconocerse la importancia y reforzar la interacción del llamado "triángulo del conocimiento" (educación, investigación e innovación) como factor clave del desarrollo futuro.

Referencias

El año de LinkedIn, la mayor red profesional del mundo [en línea].
<https://www.eae.es/actualidad/noticias/el-ano-de-linkedin-la-mayor-red-profesional- del-mundo#>. [Consulta: diciembre 2018].

This is the most in-demand skill of 2019, according to LinkedIn. [en línea].
<https://www.cnbc.com/2019/01/07/the-most-in-demand-skill-of-2019-according-to- linkedin.html> [Consulta: enero 2019].

Carrió, M: "Espais comuns del disseny i la innovació". En: Temes de Disseny, nº23, 2006, p. 147-155.

Serrano, M. Nafría, B: "Creatividad en la educación, educación en la creatividad. Claves para hacer de la creatividad un hábito". En: Cuaderno Faros, nº8, 2014, p. 11-19

Alfaro, S.A. Acuerdos y discusiones en torno a la creatividad. Proyectos de innovación tecnológica en la ingeniería del proceso y producto. Departamento de Ingeniería de Proyectos ETSEIB-UPC, Barcelona 2006.

Simon, H.A; The Sciences of the Artificial. The Massachusetts Institute of Technology. The Murray Printing Company. USA, 1969.

Metodología para la confección de un proyecto de investigación [en línea].
<http://bvs.sld.cu/revistas/hih/vol21_2_05/hih07205.pdf >. [Consulta: marzo 2015].

di Russo, Stefanie: "A Brief History of Design Thinking: The Theory". Swinburne University of Technology, 2012.

Herbert, Simon: "The Sciences of the Artificial". En: Instituto Tecnológico de Massachusets, 1973.

Nigel Cross: profesor emérito de Diseño en el Reino Unido (The Open University). Editor jefe de la revista Design Studies. Miembro de la Design Research Society.

Norman, Donald. The Design of Everyday Things. New York: Doubleday, 1988.

Buchanan, Richard: "Wicked problems in Design Thinking". En: Design Issues, vol 8, n°2, 1992.

Schön, Donald: "The Reflective Practitioner: How Professionals Think in Action", 1984.

Helga Nowotn; Peter Scott; Micahel Gibbons. Mode 2 Revisited: The New Production ok Knowledge. Minerva. V41, N°3 2003.

Thompson Klein, J.; Häberli, R; Bill, A.; Grossenbacher-Mansuy, W.; Scholz, R.W, Welti, M. (ed) Transdisciplinarity: Joint Problem Solving among Science, Technology, and Society. Birkhäuser 2000.

Incorporación de Nuevas Metologías de Enseñanza-Aprendizaje en la Asignatura de Expresión Gráfica

Noelia Olmedo-Torre
EEBE. Expressió Gràfica a l'Enginyeria

Jordi Ivern Cacho
EEBE. Expressió Gràfica a l'Enginyeria

Resumen

La incorporación de nuevas metodologías de enseñanza-aprendizaje en los nuevos planes de estudio de la asignatura de Expresión Gráfica (EG) que se imparte en todos los grados de ingeniería de la Escola de Enginyeria de Barcelona Est (EEBE) de la Universitat Politècnica de Catalunya. BarcelonaTech (UPC) han permitido incrementar los resultados académicos y la adquisición de las competencias del alumnado.
En esta comunicación se describen las mejoras incorporadas en las metodologías docentes y el cambio que suponen en la visualización de modelos y la comprensión de enunciados y soluciones que permiten reducir el tiempo en las exposiciones teóricas. Ahora, las sesiones expositivas/magistrales de los sistemas de representación y métodos de trazado bidimensional disminuyen en favor de un aumento de las prácticas de Diseño Asistido por Ordenador (DAO).

1. Introducción

Como consecuencia de la consolidación del Espacio Europeo de Educación Superior (EEES) se modifica el esquema formativo clásico basado en primeros y segundos ciclos unificando los nuevos grados con contenidos y objetivos homogéneos.

Al finalizar los años 90 se hace necesaria la incorporación de las TICs en la enseñanza universitaria politécnica y, fundamentalmente, en el área de la Ingeniería Gráfica para fomentar la innovación educativa en España.

En todos los programas de la asignatura de EG en España recogen los tres descriptores que el Ministerio de Educación publica para la asignatura: 1. Sistemas de representación. 2. Normalización del dibujo industrial y 3. Dibujo asistido por ordenador. De 46 programas de EG (un 43% de las asignaturas de EG detectadas) (Farrerons & Olmedo, 2016) se recoge un temario bastante similar en las diferentes universidades españolas: Introducción al dibujo industrial, introducción al Diseño Asistido por Ordenador (DAO), conceptos básicos de normalización, sistemas de representación, geometría computacional, primitivas geométricas y geometría constructiva de cuerpos y superficies.

La incorporación de herramientas de modelado geométrico 3D paramétrico en Ingeniería Gráfica suponen un replanteamiento de los contenidos teóricos y prácticos del área, implican avances en la enseñanza de la geometría del espacio, incorporan nuevas actividades en el aula y mejoran los modelos de enseñanza-aprendizaje.

A partir del plan de estudios del año 1995 en todas las escuelas de la Universitat Politècnica de Catalunya. BarcelonaTech (UPC) la asignatura Dibujo pasó a llamarse Expresión Gráfica y DAO (EGDAO). La asignatura estaba dividida en tres tipos de créditos docentes: Teoría, Prácticas y Laboratorio. De un total aproximado de 500 estudiantes matriculados por año (Escola Universitària d'Enginyeria Tècnica Industrial de Barcelona. EUETIB), los grupos de clase eran de 120 estudiantes. En las clases de Teoría, 1 h a la semana, se impartía la normalización industrial del dibujo en una exposición magistral. Este grupo, a su vez, se dividía en dos grupos de Prácticas de 60 estudiantes por grupo. En las Prácticas se impartía dibujo con sistema diédrico donde se llevaban a cabo problemas de dibujo en este sistema, conjuntos de piezas, croquis a mano alzada, dibujo a escala en el sistema europeo de proyección de vistas, secciones, acotado, etc… y también el dibujo a tinta con estilógrafos. Finalmente, cada grupo de Prácticas se dividía a su vez en 4 grupos de Laboratorio (15 estudiantes por grupo) con clases quincenales de 2 horas de un programa DAO. Las horas de clase variaban según la especialidad: Mecánica (5 horas de clase semanales), 3 h de Teoría, 1 h de Prácticas y 2 h de laboratorio cada 15 días. El resto de las especialidades (Química, Electrónica Industrial y Electricidad), 4 horas de clase semanales (2 h de Teoría, 1 h de Prácticas y 2 h de Laboratorio cada 15 días). La nota de la asignatura estaba compuesta por un examen final de normalización industrial (dibujo de vistas y perspectivas axonométricas, 50 %), diédrico (25 %) y Laboratorio (25% con tres exámenes parciales).

Los resultados académicos eran muy desiguales. El porcentaje de aprobados en Laboratorio era del 90 %, en normalización un 75 % y en diédrico sólo un 30 % del alumnado. El total de aprobados era aproximadamente el 50 % del alumnado matriculado y variaba según la especialidad, más aprobados en Mecánica que en Química, la de menor número de aprobados.

A partir de 2010 la asignatura pasó a llamarse Expressió Gràfica (EG) y se impartió hasta 2017 en la EUETIB. Actualmente se realiza en la Escola de Enginyeria de Barcelona Est (EEBE) de la UPC. Es una asignatura obligatoria de 6 créditos ECTS y se imparte en el primer cuatrimestre en todos los grados (Eléctrica, Mecánica, Química, Electrónica Industrial, Biomédica, Energía y Materiales) de Ingeniería en 24 grupos de clase de 30 estudiantes de un total de 750 aproximadamente (Dos de estos grupos se imparten en inglés).

Este trabajo describe las mejoras de la metodología docente basada en objetivos docentes definidos para el autoestudio, objetivos para el DAO, objetivos de conocimiento combinado y objetivos transversales han permitido mejorar los resultados académicos de los estudiantes. Además, se muestra que la combinación de clases teóricas de autoaprendizaje y expositivas y las correcciones basadas en rúbricas de rápido retorno (Martinez, Olmedo, Amante, Farrerons, & Cadenato, 2014) han reducido la carga de trabajo semanal asignadas al alumnado.

2. Metodología

Todas las evidencias para evaluar al alumnado se recogen con herramientas que relacionan los conocimientos alcanzados con el uso de las nuevas tecnologías como proponen (Marco de cualificaciones del Espacio Europeo de Educación Superior, 2002), (Criterion 3. Program Outcomes and Assessment, 2003) y (QAA. The Quality Assurance Agency for Higher Education), 2002).

Para la asignatura EG la competencia de aprendizaje autónomo se adquiere mediante la evaluación continuada de conocimientos de normalización, dibujo industrial y geometría del espacio. Los objetivos formativos alcanzan el nivel 1 de aprendizaje dirigido, donde se evalúa si el tiempo que el alumnado ha utilizado para resolver el problema ha sido correcto, si la forma de hacerlo ha sido la indicada y si hay una reflexión sobre la aplicabilidad del contenido. El sistema de evaluación se basa en criterios de calidad (Urraza & Ortega, 2009) y de innovación docente (Cadenato, 2012) y se asienta en una estrategia de evaluación continuada. Todas las actividades de evaluación disponen de una rúbrica pública de calidad desde el inicio del curso (Cano, 2015). La evaluación es de carácter formativo y sumativo y el feedback de las actividades de evaluación es semanal (Pastor, 2011).

La nota final de la asignatura se puede ver en la siguiente fórmula:

NOTA FINAL = 0,10x1erT + 0,15x2doT + 0,10x3erT + 0,10x1erP + 0,25x2doP + 0,15x3erP + 0,15xProy

Donde:

1/2/3erT = tres parciales teóricos,

1/2/3erP = tres ejercicios prácticos,

Proy = Proyecto.

3. Resultados

Con la modificación del plan de estudios de la asignatura EGDAO, en adelante EG, se mejoraron los aspectos teóricos y prácticos para conseguir mejores resultados académicos. La mejora en la metodología docente de la asignatura se apoya en potenciar la concepción espacial; profundizar en el conocimiento de las formas geométricas y presentar, interpretar y practicar la teoría normativa de las técnicas de representación gráfica más usuales en la ingeniería.

Ahora, los contenidos de EG se han definido por objetivos de aprendizaje específicos:

1. Autoestudio: Están agrupados por tipo de contenidos donde se definen los contenidos teóricos que el alumnado debe alcanzar. El estudiante dispone de 140 objetivos concretos para el autoestudio, agrupados por sesión docente y con referencias bibliográficas para cada uno de ellos. El estudiante prepara estos objetivos, pregunta las dudas al profesorado y expone el tema a sus compañeros de grupo. Estos objetivos se evalúan a través de las competencias específicas de conocimiento y comprensión.

2. DAO: Se alcanzan mediante ejercicios a realizar en clase y fuera del aula siguiendo tutoriales multimedia. Se evalúan a través de la competencia específica de aplicación.

Se identifican 6 objetivos para DAO: a. Aplicar las técnicas básicas de modelado: Croquis 2D, base, saliente, cortar, modificar, visualizar sección. b. Aplicar las técnicas básicas de ensamblado de modelos para generar un conjunto: agregar, mover y girar. c. Aplicar las técnicas de dibujo de planos constructivos: editar formato y plantilla, agregar vistas estándar, anotaciones, cortes, acotaciones, imprimir. d. Poner en práctica técnicas de modelado de superficies. Creación de superficies primitivas (creadas mediante la especificación de valores), por desplazamiento (revolución, extrusión y barrido), de recubrimiento (cubren modelos alámbricos), derivadas (generadas a partir de superficies existentes). e. Realizar operaciones boleanas de edición de superficies: unión, recorte, extensión, coser y f. Concepto de superficie biparametrizada y de líneas isoparamétricas.

3. Conocimiento combinado: Requieren la aplicación de los conocimientos teóricos y habilidades prácticas. Se identifican 14 objetivos combinados con diferentes competencias específicas.

4. Conocimientos transversales: Es una competencia de aplicación consistente en el desarrollo de la práctica de un trabajo en grupo (Grupo de Proyecto). Se fomenta la figura del estudiante especialista en algún aspecto teórico y se aplica la técnica del puzle para fomentar el aprendizaje entre iguales.

Las estrategias de evaluación implementadas han sido:

1. Autoaprendizaje de contenidos teóricos. En cada sesión se presentan los nuevos contenidos que los alunmos deberán trabajar con los recursos que se les ofrecen, y en los que se podran autoavaluar con un test en línea en cada una de las sesiones (Aronson, E., Blaney, N., Stephin, C., Sikes, J., & Snapp, 1978) de formación

cooperativa acorde con las innovaciones en metodologías de aprendizaje (Roca, Reguant, & Canet, 2015) y (López Pastor, 2012).

2. Ejercicios de croquización: Es una tarea individual y voluntaria, aunque se considera de gran utilidad para practicar habilidades propias y fijar objetivos de otros contenidos de la asignatura. Se ofrecen los resultados de los ejercicios, pero se recomienda entregarlos para completar la corrección y análisis de los mismos.

3. Ejercicios tutorizados de DAO: Se resuelven fuera del aula, y son los tutoriales del programa usado en EG, SolidWorks Education Edition®. Según se van introduciendo nuevos conceptos se recomienda a los estudiantes resolver de manera individual un ejercicio guiado y, que una vez resuelto pueden enviarlo a través del Campus Virtual si quieren recibir la ayuda o comentarios del profesorado. La realización de estos ejercicios se aproxima a un modelo de docencia semipresencial.

4. Problemas de DAO: El DAO no es solo una herramienta de dibujo. Permite crear un modelo tridimensional matemático pasando del objeto dibujado al objeto construido y a la inversa. Se proponen 4 tipos de ejercicios: Modelado 3D partiendo de planos diédricos, modelado 3D y planos partiendo de axonométrico, ejercicios de geometría en el espacio y ejercicios de superficies.

5. Proyecto: Se basa en las técnicas de aprendizaje cooperativo y constructivista (Morato Moreno M., 1999) y consiste en la entrega de un proyecto original de un conjunto ingenieril con diferentes componentes mecánicos desarrollado por un grupo de 3 a 4 estudiantes.

Con el actual planteamiento de la asignatura, y con la introducción del DAO, se ha potenciado la reducción de tiempo de exposición teórica relativa a sistemas de representación y métodos de trazado bidimensional a favor de un aumento de las actividades prácticas con herramientas digitales. La existencia de ejercicios voluntarios que permiten, si el estudiante lo demanda, una mayor interacción con el profesorado, permite a cada estudiante graduar la intensidad de su trabajo y en clase trabajar contenidos generales más avanzados.

Las ventajas que suponen las mejoras en la visualización de modelos y la comprensión de enunciados y soluciones permiten reducir el tiempo en las exposiciones teóricas. Las sesiones expositivas/magistrales de los sistemas de representación y métodos de trazado bidimensional disminuyen en favor de un aumento de las prácticas de DAO.

La metodología docente aplicada ha supuesto la mejora en el nivel de conocimientos de ingeniería gráfica por la implicación de los estudiantes en la asignatura. El trabajo continuado mediante las herramientas de DAO ha permitido a los estudiantes desarrollar las competencias específicas necesarias en las sesiones presenciales. El DAO representa un aumento del conjunto de métodos para el modelado geométrico de forma complementaria a los sistemas de representación usados en soportes bidimensionales. A pesar de la implementación de nuevos procedimientos a partir del modelado usando los sistemas de DAO 3D se observa el mantenimiento del sistema diédrico como razonamiento teórico e instrumento de abstracción.

Las TIC han favorecido el cambio en las metodologías de enseñanza-aprendizaje propuestas en el marco del EEES, donde el alumnado ha sido uno de los actores influyentes en la transformación del área de Ingeniería Gráfica gracias al interés que despiertan en ellos las nuevas tecnologías.

La informatización docente ha permitido una mejora en la gestión y el control académico de la asignatura consiguiendo automatizar las tareas de gestión y control, haciéndola mucho más rápida y eficaz. Los proyectos de mejora e innovación docente han evolucionado hacia espacios de aprendizaje virtuales promovidos por el uso de las

TIC donde el estudiante puede tener un aprendizaje adaptado a su necesidad.

Estos resultados son cuantificables con las notas finales de la asignatura, que supone un porcentaje de 80 % de aprobados, muy superiores a los resultados obtenidos antes de aplicar la metodología expuesta (alrededor del 50 %). De las actividades desarrolladas en el aula, las relacionadas con la evaluación son las que más condicionan el aprendizaje al encontrarse en el centro del mismo.

4. Conclusiones

El replanteamiento de los contenidos teóricos y práctico han implicado avances en la enseñanza de la geometría del espacio, la incorporación de nuevas actividades dentro y fuera del aula y nuevos modelos de enseñanza-aprendizaje. Además, han permitido incrementar los resultados académicos y la satisfacción del alumnado con la asignatura.

Por otro lado, se han evidenciado las ventajas que suponen las mejoras en la visualización de modelos y la comprensión de enunciados y soluciones, permitiendo reducir el tiempo en las exposiciones teóricas. Las sesiones expositivas/magistrales de los sistemas de representación y métodos de trazado bidimensional disminuyeron en favor de un aumento de las prácticas de DAO.

La realización en equipo durante todo el curso de un proyecto en el cual los estudiantes practican los conceptos aprendidos, y pueden introducir de nuevos, es un fuerte estímulo para el autoaprendizaje, aparte de un escenario para poner en práctica las estrategias de trabajo en grupo y organización y coordinación del trabajo.

Teniendo en cuenta las características didácticas de las nuevas propuestas formativas, hemos contribuido al cambio de la metodología docente en el aprendizaje de la ingeniería gráfica.

La metodología expuesta se puede aplicar a otras asignaturas en las que el componente tecnológico haya incidido de forma apreciable en el corpus de la materia.

Referencias

ARONSON, E., BLANEY, N., STEPHIN, C., SIKES, J., & SNAPP, M. (1978). *The Jigsaw Classroom.* Beverly Hills, CA: Sage Publishing Company.

CRITERION 3. PROGRAM OUTCOMES AND ASSESSMENT. (2003). *Accreditation Board for Engineering and Technology.* Retrieved from http://www.abet.org.

CADENATO, A. ET AL. (2012). Criterios para prácticas de evaluación de calidad. CIDUI. Barcelona. Retrieved from http://medcontent.metapress.com/index/A65RM03P4874243N.pdf

CANO, E. (2015). Las rúbricas como instrumento de evaluación de competencias en educación superior: ¿Uso o abuso? *Profesorado. Revista de Currículum Y Formación Del Profesorado, 19*(2).

FARRERONS, O., & OLMEDO, N. (2016). Las TIC y la Ingeniería Gráfica. (Omnia Science, Ed.) (1a ed.). Barcelona.https://doi.org/10.3926/oms.306

LÓPEZ PASTOR, V. M. (2012). Evaluación formativa y compartida en la universidad: clarificación de conceptos y propuestas de intervención desde la Red Interuniversitaria de Evaluación Formativa. *Psychology, Society & Education,* 4(c), 117–130.

LÓPEZ PASTOR, V. M. (2011). Best Practices in Academic Assessment in Higher Education: *Journal of Technology and Science Education,* 1(2), 25–39. https://doi.org/10.3926/jotse.2011.20

MARTINEZ, M., OLMEDO, N., AMANTE, B., FARRERONS, O., & CADENATO, A. (2014). Analysis of Assessment Tools of Engineering Degrees, *International Journal of Engineering Education, IEEE,* 30(6), 1689–1696.

MARCO DE CUALIFICACIONES DEL ESPACIO EUROPEO DE EDUCACIÓN SUPERIOR. (2002). Retrieved from https://www.uco.es/ciencias/principal/eees/documentos/descriptoresdublin.pdf

QAA (2002). The Quality Assurance Agency for Higher Education. Benchmark Statements.

ROCA, J., REGUANT, M., & CANET, O. (2015). Aprendizaje basado en problemas, estudio de casos y metodología tradicional: una experiencia concreta en el grado en enfermería. *Procedia - Social and Behavioral Sciences*, 168(July 2014), 163–170. https://doi.org/10.1016/j.sbspro.2015.07.029

URRAZA, G., & ORTEGA, J. M. (2009). Diseño de una experiencia de aprendizaje por proyectos en la asignatura de Expresión gráfica y diseño asistido por ordenador mediante grupos cooperativos. *Revista de Formación e Innovación Educativa*, 2, 128–138. Retrieved from http://webs.uvigo.es/refiedu/Refiedu/Vol2_3/arti_2_3_2.pdf\npapers3://publication/uuid/03884236-B963-4B16-8753-7DA1A7C1410F

Creació de Rúbriques Flexibles amb Excel i VBA

Jordi Voltas i Aguilar
ESEIAAT. Expressió Gràfica a l'Enginyeria

Joaquim Marqués
ESEIAAT. Expressió Gràfica a l'Enginyeria

Resum

Els entorns virtuals d'ensenyament i aprenentatge, com pot ser Moodle, incorporen la creació i treball amb rúbriques de correcció, així com una completa gestió de les qualificacions per part del personal acadèmic. Tanmateix, molts professors es troben molt més còmodes treballant en el seu propi entorn de full de càlcul, per, posteriorment exportar-ho a l'entorn virtual.
En aquesta comunicació es planteja la creació flexible de rúbriques de correcció a través de VBA amb Microsoft Excel, a fi de facilitar la creació de documents amb múltiples fulls que enllacin amb un document de qualificacions final.

1. Correcció per rúbriques

La rúbrica de correcció és un sistema altament utilitzat on l'avaluador qualifica un treball entregat per l'estudiant, descomposant aquesta puntuació en un conjunt de criteris (YAÑIZ, C. i VILLARDÓN, L.). Els diferents criteris estan ponderats uns respecte els altres. La valoració de cadascun d'ells pot respondre a valors numèrics, estaríem parlant d'una avaluació sumativa, o a un conjunt de criteris, ordenats de pobre a excel·lent, avaluació formativa, on a més de donar com a resultat un valor, s'estaria donant informació a l'estudiant de quins han estat els errors i el nivell assolit en cadascun dels criteris avaluats.

Entorns d'ensenyament i aprenentatge incorporen una gran diversitat de rúbriques, tant formatives com sumatives, així com la possibilitat de treballar amb correcció entre iguals, autocorrecció, etc. Aquests sistemes de rúbrica integrats en la pròpia plataforma, enllacen amb els entorns generals de qualificació, atorgant, a la qualificació final del mòdul, la obtinguda en la tasca avaluada per rúbrica.

Una de les realitats observada, però, és la necessitat per part del professor, de conservar el fet avaluatiu fora del núvol. Sigui per tradició, per costum o per desconfiança, el professorat tendeix a crear una comptabilitat pròpia de les avaluacions creades en un entorn local, en forma de full de càlcul. Sabent això els desenvolupadors dels entorns virtuals, ja els programen integrat mòduls que faciliten la importació i exportació amb paquets externs, ja sigui a través d l'estàndard CSV o directament en formats natius XLSX (com és el cas de Microsoft Excel).

L'estructura tipus d'un full de càlcul aplicat a la gestió de qualificacions d'una assignatura sol tenir l'aspecte de la Figura 1.

Així, hom recull en cada columna les qualificacions corresponents a les diferents activitats, afegint columnes que agreguen altres en

Figura 1.

forma de promig. Conclou una columna final que és el resultat de promitjar, ponderadament, els diferents elements de la taula.

2. Integració de rúbriques en fulls de càlcul

El problema s'esdevé quan una columna és el resultat de l'aplicació d'una rúbrica. En aquest cas, i depenent del nombre de valors que composen la rúbrica, el full de càlcul creix considerablement. Tot i poder jugar amb la ocultació de columnes, es tracta d'un document amb el que pot ser difícil de treballar.

Figura 2.

La proposta, òbviament, és treballar amb la rúbrica en un document extern. Igualment, però, la rúbrica continua tenint forma de taula. A més, encara es pot complicar més si, existeixen rúbriques diferents associades a diferents models d'un mateix entregable, com pot ser un examen. Tot això és el que pretenem evitar.

La solució vindria per una document que permetés les següents funcions:

1. Associar un full a cadascun dels estudiants. Això permetria donar forma de rúbrica a cadascuna de les pàgines, afegint a més informació de reforç, com per exemple, exemples de resolucions, i fins i tot la possibilitat de copiar en cada pàgina el propi treball de l'estudiant, a mode d'arxiu.

2.Poder distingir diferents rubriques. Això pot ser necessari en casos d'estar treballant amb diferents models d'exàmens, de manera que cada full faci referència un model concret.

3.Finalment interessa que la creació d'aquest document es realitzi de manera automàtica.

Per aconseguir aquest propòsit, la solució passaria per una estructura com la de la Figura 3.

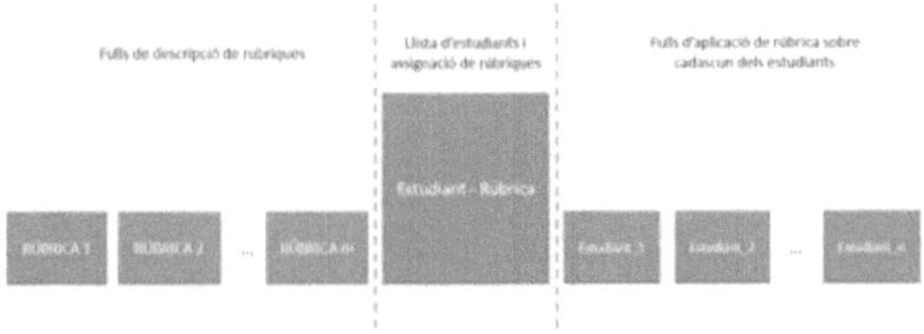

Figura 3.

En aquesta estructura tenim un conjunt de pàgines que representaran els diferents models de rúbrica utilitzats en el treball. Seran pàgines buides de dades, però amb tota la definició de fórmules que configurin la qualificació final, afegint totes les ponderacions entre els diferents elements de la rúbrica. El sistema pot funcionar perfectament amb una única rúbrica. El sentit d'afegir-ne més pot ser, per exemple, la correcció d'un examen en el qual existeix més d'un model.

Després, i a mode de full principal, existirà un full amb el llistat de tots els estudiants, la rúbrica assignada a cadascun d'ells. En aquest full es rebrà, posteriorment, la correcció que obtingui cadascun dels estudiants.

Finalment trobarem el conjunt de fulls corresponents a l'aplicació de la rúbrica per a cadascun dels estudiants. En realitzar la correcció, aquesta serà traslladada a la pàgina principal i emplenarà la columna corresponent.

3. Automatització de la creació del conjunt de fulls individuals. Excel + VBA

VBA és un llenguatge propi de Mircosoft Visual Basic (Green) que és emprat per la construcció de macros, inclòs, entre altres, al software Microsoft Excel. Amb VBA es pot ampliar la pròpia funcionalitat de cadascun dels softwares, automatitzant tasques comuns així com creant aplicacions d'escriptori.

Per explicar aquesta part, ho farem a través d'un exemple. En aquest exemple tindrem la següent estructura de fulls (Figura 4).

Figura 4.

Un full principal, 'MAIN', que inclourà la descripció dels estudiants, així com els models de rúbrica associats a cadascun d'ells (Figura 5).

	A	B	C	D
1			Model	Qualificació
2		Estudiant_1	Model 1	#¡REF!
3		Estudiant_2	Model 1	#¡REF!
4		Estudiant_3	Model 3	#¡REF!
5		Estudiant_4	Model 2	#¡REF!
6				

Figura 5.

Tal i com es pot veure, s'hi inclouen 4 estudiants tipus, el nom del model que realitzen, i la qualificació que tindran. El codi corresponent és el següent:

```
=BUSCARV("Qualificació final (sobre 10)";INDIRECTO(B2&"!$B$12:$e$12");4;FALSO)
```

La expressió fa referència a la full que, encara no estant creada, recollirà la seva qualificació.

Tres fulls inicials descriuran els tres models disponibles de rúbrica (Figura 6).

Figura 6.

En cadascun dels models, el contingut de la cel·la B2 fa referència al nom de la pròpia fulla, essent el codi el següent:

```
=DERECHA(CELDA("filename";A1);LARGO(CELDA("filename";A1))-ENCONTRAR("]";CELDA("filename";A1)))
```

Una restricció que posarem al sistema és fer coincidir el nom de les fulls corresponents als diferents models de rúbrica amb el contingut de les cel·les on identifiquem quina rúbrica apliquem a cada estudiant.

A partir d'aquí generarem una macro en VBA dins d'EXCEL que tingui la següent estructura:

```
Sub crear_copies_full_model()
    Dim celda As Range
    For Each celda In
ActiveWorkbook.Sheets("Main").Range("B2:B5").Cells
  "MODEL 1, 2 O 3
    If (ActiveWorkbook.Sheets("main").Cells(celda.Row,
celda.Column + 1).Value = "Model 1") Then
      'creem còpia model Model 1
      Sheets("Model 1").Copy After:=ActiveSheet
      'li canviem el nom
      ActiveSheet.Name = celda.Value
        ElseIf
(ActiveWorkbook.Sheets("llista").Cells(celda.Row,
celda.Column + 1).Value = "Model 2") Then
      'creem còpia model Model 2
      Sheets("Model 2").Copy After:=ActiveSheet
      'li canviem el nom
      ActiveSheet.Name = celda.Value
      ElseIf
(ActiveWorkbook.Sheets("llista").Cells(celda.Row,
celda.Column + 1).Value = "Model 3") Then
      'creem còpia model Model 3
      Sheets("Model 3").Copy After:=ActiveSheet
      'li canviem el nom
      ActiveSheet.Name = celda.Value
        End If
    Next
End Sub
```

L'explicació és senzilla. La macro "crear_copies_full_model" pren el llistat de l'associació d'estudiants i models. Realitza un recorregut pel rang B2:B5, donat que en aquest cas fem un exemple amb una llista de 4 estudiants.

A partir d'aquí, la macro distingeix quin Model realitza cadascun dels estudiants. Havent en aquest exemple 3 possibilitats, Models 1, 2 o 3, la rutina crearà pàgines noves, a partir de la còpia del model en qüestió i assignarà el nom de cadascun dels estudiants en cadascun dels nous fulls. Observis que la rutina està pensada per 3 diferents models de full.

Un cop executem la macro, l'estructura de fulls passa a ser la següent.

Figura 7.

I el conjunt de qualificacions recollit a la columna D del full Main és el que apareix a la Figura 8:

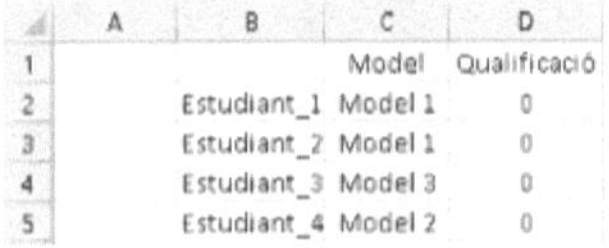

	A	B	C	D
1			Model	Qualificació
2		Estudiant_1	Model 1	0
3		Estudiant_2	Model 1	0
4		Estudiant_3	Model 3	0
5		Estudiant_4	Model 2	0

Figura 8.

En aquest moment, la pàgina ja està reconeixent el resultat de l'avaluació de cadascun dels estudiants a les noves pàgines creades. Modifiquem, per exemple, el contingut de l'Estudiant_1 i en veurem recollida la qualificació a la pàgina full principal, Figura 9.

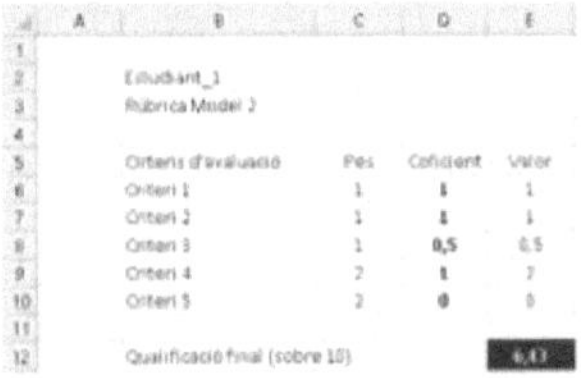

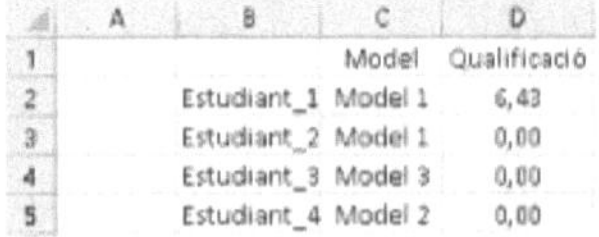

	A	B	C	D
1			Model	Qualificació
2		Estudiant_1	Model 1	6,43
3		Estudiant_2	Model 1	0,00
4		Estudiant_3	Model 3	0,00
5		Estudiant_4	Model 2	0,00

Figura 9.

A la imatge de l'esquerra es pot veure que s'han puntuat els diferents criteris posant nota sobre la columna COEFICIENT (en negreta), i el sistema ha calculat la qualificació 6,43 (sobre 10). A la dreta es veu com la full 'Main' recull la qualificació, ara configurada a 2 decimals.

4. Anàlisi i discussió

Aquesta funcionalitat s'ha provat amb un equip de 8 professors en el marc de l'assignatura d'Expressió Gràfica a l'Enginyeria, als graus d'Enginyeria d'accés comú a l'ESEIAAT (UPC), amb un nombre de 304 estudiants matriculats. Es van realitzar 6 rúbriques diferents associades a 6 models diferents d'examen.

Treballar amb equip de molts professors sobre una única assignatura implica una necessitat de consensuar criteris i de coordinació importants. En l'aplicació d'aquesta metodologia, els professors van manifestar interès relatiu amb la innovació, centrant la seva atenció en la configuració de la pròpia rúbrica i el procés de qualificació.

En l'ús es va constatar la utilitat de la qualificació en full independent per afegir altres tipus d'informació, com són models de correcció i fins i tot per fer còpia en la pròpia full del treball dels estudiants.

5. Conclusió

El fet que aquesta innovació no generi especial expectació entre els professors que la utilitzen i fan que aquests es centrin en el fet avaluatiu no és negatiu: el professorat es centra en allò que li és propi, que és l'ensenyament i la funció avaluadora. En aquest context, la construcció d'eines de suport és quelcom que hauria de ser, més que transparent pel professor, no convertir-se en un problema per a ell. Aplicant el clàssic "no news, good news", podem concloure que el que hem creat no és quelcom que compliqui la feina del professor.

De ben segur que les funcionalitats de les diferents plataformes s'orientaran a integrar i augmentar, i a connectar-se de manera cada cop més eficient amb softwares d'escriptori (o núvol), com Excel. Tanmateix, l'usuari encara tendirà a sentir com a entorn segur, fàcil i conegut, el propi software full de càlcul. Queda per futures edicions la simplificació del codi macro, fent-lo flexible i adaptable a qualsevol nombre i nom de models de rúbrica, i la integració amb altres documents Excel.

Referències

GREEN, J (2007). Excel 2007 VBA Programmer's Reference. Ed. Wrox.

YAÑIZ, C. i VILLARDÓN, L. (2006). Evaluación de los aprendizajes en la Universidad. A: Garcia Valcárcel (coord). Didàctica Universitaria. Madrid: La Muralla.

Metodologías de Diseño Aplicadas al Rediseño de un Producto del Ámbito Industrial

José Luis Lapaz Castillo
ESEIAAT. Expressió Gràfica a l'Enginyeria

Francisco Bermúdez Rodríguez
ESEIAAT. Expressió Gràfica a l'Enginyeria

Noelia Olmedo Torre
EEBE. Expressió Gràfica a l'Enginyeria

Òscar Farrerons Vidal
EEBE. Expressió Gràfica a l'Enginyeria

Francesc Mestres Domènech
ESEIAAT. Expressió Gràfica a l'Enginyeria

Joan Antoni López Martínez
EPSEM-ESEIAAT. Expressió Gràfica a l'Enginyeria

Resumen

En todo proceso industrial, las técnicas y metodologías de diseño se han fundamentado, en buena parte, en el pensamiento creativo presente en todos los procesos de la actividad humana.
El objetivo de este estudio se centra en el rediseño de un objeto de uso cotidiano; se establecen unas condiciones de partida y se plantean unos objetivos ligados a una serie de resultados aportados evaluables y contrastables.

1. Introducción

La creatividad y el proceso creativo han sido y son en la actualidad objeto de especial interés para muchos investigadores, tanto del ámbito de las ciencias sociales como del resto de ciencias más experimentales.

A día de hoy encontramos un gran número de intentos de postular y establecer unas bases teóricas respecto a ambas (Sternberg & Lubart, 1993) (McConathy, 1990). Para una gran mayoría, el pensamiento creativo no es algo innato, sino que se puede desarrollar y potenciar (Smolensky & Kleiner, 1995) incluso desde los primeros estadios de las etapas educativas (Torrance, 1972).

Adoptando enfoque más empírico, en la década de los ochenta P. Purcel (Purcell, 1981), recopila la forma de pensar de una gran muestra de diseñadores en busca del origen de sus ideas creativas. Más recientemente, B. Lawson (Lawson, 2006) intenta también adentrarse en el pensamiento de diseño para abordarlo en su contexto particular y de una manera menos abstracta.

A nivel de producto y proceso industrial, las técnicas y metodologías de diseño se han fundamentado, en buena parte, en el pensamiento creativo presente en todos los procesos de la actividad humana. Los diferentes programas formativos relacionados con el diseño industrial y el desarrollo de productos, de forma general, así lo han reflejado, intentando, en todo momento, integrar las metodologías más adecuadas (Curry, 2014).

Los métodos creativos también están presentes en el campo de la educación en ingeniería (Ogot, 2006) (Sarkar & Chakrabarti, 2011), en todos los ámbitos y etapas del proceso de diseño, partiendo del diseño conceptual (López Forniés & Berges Muro, 2012) e incluyendo la búsqueda de taxonomías y métricas adecuadas (Oman & Tumer, 2009).

En síntesis: todo proceso innovador siempre va acompañado de un ejercicio creativo que se debe estimular y, en gran medida, sistematizar (Bruton, 2010).

El objetivo de esta investigación se centra en el rediseño de un objeto de uso cotidiano; se establecen unas condiciones de partida y se plantean unos objetivos ligados a una serie de resultados evaluables y contrastables.

La selección de técnicas y métodos a considerar en la investigación que presentamos, parte de experiencias prácticas previas similares y de recopilatorios de metodologías diversas utilizadas en el diseño industrial y el desarrollo del producto (Dorst & Cross, 2001). A tal efecto, se han tenido en cuenta gran parte de las aportaciones teóricas fundamentales de Ch. Jones (Jones, 1992) y, muy especialmente, de K. Ulrich y S. Eppinger, estos últimos desde sus primeros trabajos al respecto (Ulrich & Eppinger, 1995), hasta sus más recientes revisiones adaptadas a los nuevos productos y materiales (Ulrich & Eppinger, 2012).

Este trabajo de investigación recoge los resultados de una experiencia del ámbito del diseño industrial, en la asignatura de Metodología del Diseño. Esta asignatura forma parte de los estudios oficiales del Grado en Ingeniería de Diseño Industrial y Desarrollo del Producto (GDIDP), en la Escuela Superior de Ingenierías Industrial, Aeronáutica y Audiovisual de Terrassa (ESEIAAT) de la UPC- BarcelonaTech.

2. Metodología

Participaron un total de 62 alumnos y alumnas del grado de diseño industrial, de edades comprendidas entre los 19 y 25 años y de los cuales 39 eran hombres (62,90%) y 23 mujeres (37,10%).

El alumnado dejó constancia de las url's de sus blogs académicos en el foro específico creado en el curso virtual de la asignatura en la plataforma virtual Atenea y, posteriormente, cada alumno sindicó los blogs del resto de participantes (RSS) en el suyo. Recordemos que la sindicación de blogs es un recurso normalmente utilizado para permitir el acceso a diferentes contenidos, compartir información actualizada y difundirla a otros usuarios que se hayan subscrito a la fuente de contenidos de forma inmediata.

A continuación, se detalla la ficha técnica del experimento:

Ámbito: diseño conceptual. Alternativas de rediseño para un producto ya existente.

Producto/concepto a analizar: cuchara destinada a la alimentación de bebés de entre 4 y 12 meses.

Métricas iniciales del producto:

- Dimensiones básicas: 140x25x10 mm
- Capacidad de carga: 5 ml.

Reto de diseño: aportar el máximo número de propuestas conceptuales de diseño, tanto morfológicas como funcionales.

Listado de metodologías creativas:

Como técnicas propuestas a aplicar, se ofertaron las siguientes (se encuentran entre las más habitualmente utilizadas dentro del ámbito del diseño):

IVF: inconsistencias visuales y funcionales.

CM: análisis morfológico.

S: técnica SCAMPER.

B: Brainstorming.

AA: listado y análisis de atributos.

AO: árbol de objetivos.

AF: análisis funcional de sistemas.

C: cuestionarios y entrevistas.

Alcance y limitaciones de la investigación:

Enfoque a nivel cuantitativo. No se contempla la fase posterior cualitativa de depuración, descarte, selección y priorización de las propuestas creativas aportadas. Esta etapa posterior forma parte de una investigación derivada.

2.1. Desarrollo del experimento

En una sesión presencial controlada y acotada en el tiempo, se toma un grupo de prueba de 62 alumnos de diseño y, durante un tiempo limitado de 3 horas, se plantea el experimento base: acometer un reto de diseño conceptual. En concreto, se les pide lo siguiente:

1. Reflexionar acerca del reto de diseño planteado.

2. Seleccionar y justificar la o las técnicas aplicadas, en todo o en parte, para resolver un reto de diseño planteado.

3. Aplicar las técnicas seleccionadas.

4. Concretar una propuesta conceptual al reto de diseño planteado:

a) Especificaciones básicas del producto resultante: material/es, acabados (forma/color), dimensiones resultantes (medidas/volumen/peso), …

b) Croquis/bocetos/vistas normalizadas acotadas.

c) Detalle de características de uso: indicaciones, instrucciones, recomendaciones, limitaciones, ...

d) Otros datos adicionales.

Veamos cada una de las ocho técnicas propuestas anteriormente y utilizadas en el presente trabajo y el porqué de su selección.

3. Resultados y discusión

Seguidamente se muestra un resumen de resultados y su análisis.

Participante:	Tipos de técnicas aplicadas:	Nº de Técnicas aplicadas:	Nº total de cambios: morfológicos/funcionales propuestos:
A1	IVF	1	15
A2	CM	1	4
A3	S/AF	2	16
A4	IVF	1	10
A5	IVF	1	15
A6	S/B	2	5
A7	S	1	3
A8	AA	1	4
A9	AA	1	7
A10	IVF	1	6
A11	CM	1	4
A12	IVF	1	5
A13	CM	1	4
A14	AA	1	5
A15	IVF/CM	2	7
A16	AO/CM	2	4
A17	IVF	1	10
A18	S	1	3
A19	S	1	7
A20	AA/S/CM	3	4
A21	AA/S	2	5
A22	AA/S	2	5
A23	IVF	1	6
A24	AF/CM	2	5
A25	S/CM	2	5
A26	AA/CM	2	3
A27	S	1	5
A28	S	1	4
A29	S	1	7
A30	IVF	1	11
A31	S	1	5
A32	IVF	1	17
A33	IVF	1	4
A34	CM	1	4
A35	AA/S	2	4
A36	CM	1	4
A37	S	1	4
A38	CM/S	2	4
A39	CM	1	5
A40	B/C/S	3	6
A41	S	1	5
A42	AO	1	5
A43	C/B	2	4
A44	S	1	7
A45	CM	1	5

A46	CM	1	8
A47	IVF	1	5
A48	AA/CM	2	5
A49	S	1	5
A50	S	1	7
A51	S	1	5
A52	S	1	5
A53	AA/CM	2	5
A54	S	1	5
A55	AA/CM	2	5
A56	AA	1	5
A57	CM	1	7
A58	CM	1	6
A59	S	1	5
A60	S	1	4
A61	S	1	5
A62	S	1	3
Σ:		**81**	**367**

Tabla 1. Resultados globales: participantes, técnicas utilizadas y cambios aportados. Fuente: elaboración propia.

De los cuatro participantes que aportan un mayor número de cambios (A32, A3, A1 y A5), tres de ellos utilizan una única técnica metodológica y son los que generan un mayor número de aportaciones originales de diseño (6,11 aportaciones en promedio), seguidos de los que aplican 2 técnicas (5,47) y, por último, de los que manejan 3 técnicas (5,00).

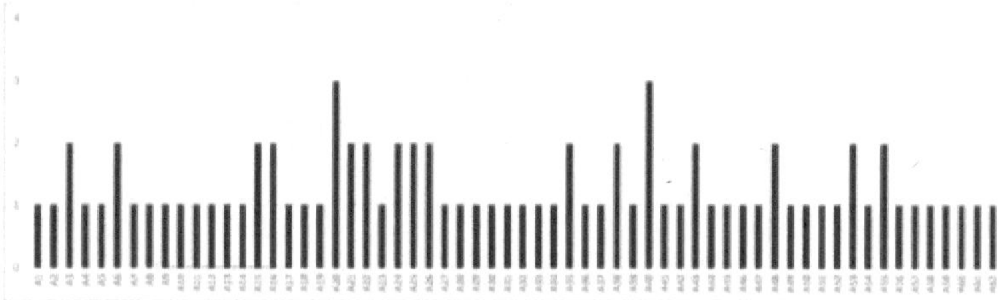

Figura 1. Número de técnicas diferentes utilizadas por cada uno de los 62 participantes. Fuente: elaboración propia.

En promedio, y considerando cifras globales, por cada técnica puesta en juego por los participantes se generan 4,53 alternativas de diseño.

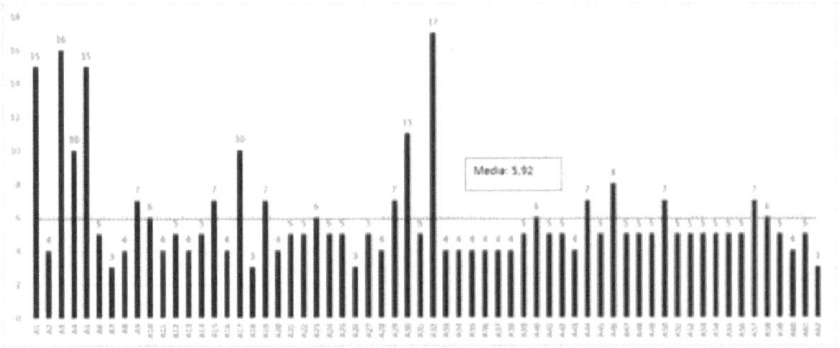

Figura 2. Modificaciones propuestas por cada uno de los 62 participantes en la investigación. Fuente: elaboración propia.

A nivel global, el promedio de aportaciones por participante es igual a 5,92. El 30,65% de los participantes (19) están superan la media de aportaciones, mientras que los 43 restantes (el 69,35%) se sitúan por debajo de la media (ver figura 2).

Observando la tabla 2, podemos ver que la gran mayoría de participantes (72,58%), aplica una única técnica de metodología del diseño. El segundo grupo más numeroso es el que utiliza 2 técnicas (24,19%).

Agrupación de participantes:	**Número:**	**Total modificaciones aportadas:**	**Media de aportaciones por participante**
Una única técnica:	45	275	6,11
Dos técnicas:	15	82	5,47
Tres técnicas:	2	10	5,00
∑:	**62**	**367**	**5,92**

Tabla 2. Resumen de datos por agrupación de participantes. Fuente: elaboración propia.

Por último, únicamente el 3,23% de los participantes hacer servir 3 técnicas. Curiosamente, ninguno de los participantes utiliza más de 3 técnicas.

Técnica:	**Frecuencia:**	**% s total:**
S: técnica SCAMPER.	27	33,33 %
CM: cuadros morfológicos.	20	24,69 %
IVF: inconsistencias visuales y funcionales.	13	16,05 %
AA: listado y análisis de atributos.	12	14,81 %
B: Brainstroming.	3	3,70 %
AO: árbol de objetivos.	2	2,47 %
AF: análisis funcional de sistemas.	2	2,47 %
C: cuestionarios y entrevistas.	2	2,47 %
Total:	**81**	**100,00 %**

Tabla 3. Porcentaje y frecuencia de las técnicas aplicadas. Fuente: elaboración propia.

En base a los datos recogidos en la tabla 3, podemos comprobar que la técnica más utilizada es la SCAMPER (un total de 27 participantes hacen uso de ella). Por el contrario, hay 3 técnicas que suscitan un interés mínimo: el árbol de objetivos, el análisis funcional y los cuestionarios y entrevistas.

Observando la tabla 4 vemos que la técnica SCAMPER, además de ser la más utilizada por los participantes (el 43,55% de ellos la pone en práctica), es la que ha permitido generar más alternativas de diseño (un total de 148, que representan el 31,83% del total de modificaciones propuestas).

Como segunda técnica globalmente más productiva, nos encontramos con las Inconsistencias Visuales y Funcionales (111 propuestas), a pesar de ser la tercera más adoptada por los participantes. De esta manera, la técnica de elaboración de Cuadros Morfológicos, que fue la segunda más optada, pasa a ser la tercera en cuanto a generación de cambios morfológicos y/o funcionales (98 propuestas).

Técnica:	**Nº de cambios:**	**%**	
S	148	31,83	S+IVF+CM+AA 414 cambios 89,03 % del total
IVF	111	23,87	
CM	98	21,08	
AA	57	12,26	
AF	21	4,52	AF+B+C+AO 51 cambios 10,97 % del total
B	15	3,23	
C	10	2,15	
AO	5	1,08	
Total:	**465**	**100,00**	

Tabla 4. Cambios y modificaciones generados gracias a cada una de las técnicas utilizadas. Fuente: elaboración propia.

A continuación, le sigue el Análisis de Atributos (57 propuestas) y el resto de técnicas ya con una menor incidencia.

También podemos ver que las 3 primeras técnicas generan el 89,03 % del total de alternativas de diseño, mientras que las 4 últimas, sólo implican el 10,97 % restante. Esto es muy importante de cara a priorizar una u otra técnica en el proceso de diseño conceptual.

Además, analizando la tabla 1, podemos ver que, de los 6 participantes más productivos (A32, A3, A5, A30, A17 y A4), cinco de ellos (A32, A5, A30, A17 y A4) aplican una única técnica metodológica y que, curiosamente, no es la técnica SCAMPER como cabría deducir por discusiones anteriores de los resultados obtenidos, sino el Análisis de Inconsistencias visuales y Funcionales (IVF).

Haciendo un paralelismo y tomando como referencia el sistema de clasificación por cuartiles, ampliamente adoptado para agrupar y catalogar trabajos de investigación (cuatro categorías de impacto), podemos agrupar a los participantes en función del número de modificaciones creativas que aportan individualmente.

Como ya hemos comentado, las propuestas creativas aportadas pueden catalogarse como morfológicas o funcionales.

Cuartil (Qi):	Rango de aportaciones individuales: (mín.: 3 y máx.: 17)	Número y porcentaje de participantes del cuartil:	Número y porcentaje aportaciones de diseño:
Q1	Entre 10 y 17	7 (11,29%)	94 (25,61%)
Q2	Entre 6 y 8	12 (19,35%)	81 (22,07%)
Q3	5	24 (38,71%)	24 (6,54%)
Q4	3 y 4	19 (30,65%)	72 (19,62%)
		62(100%)	**367 (100%)**

Tabla 5. Criterio de clasificación de los participantes en cuartiles, en base a su número de aportaciones individuales creativas. Fuente: elaboración propia.

De igual manera, las alternativas de diseño hacen relación a atributos del producto como la forma (métricas del producto), el color, los materiales, las texturas, los acabados superficiales, los accesorios, la usabilidad, las funciones principales y auxiliares (control de temperatura, dosificación, sujeción, intercambiabilidad, portabilidad, estética, etc.) y otros muchos que podríamos enumerar.

Como resultado final de la actividad, se obtuvieron 62 prototipos físicos y virtuales. En la figura 3 pueden observarse algunos de ellos. Su mayor o menor viabilidad se analiza en la etapa final de desarrollo del producto.

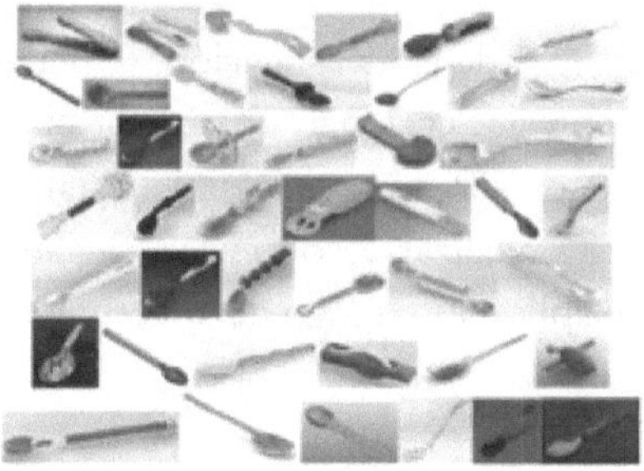

Figura 3. Algunos de los prototipos obtenidos en base a las mejoras de diseño aportadas. Fuente: elaboración propia.

4. Conclusiones

En relación a número y variedad de las técnicas metodológicas utilizadas, podemos inferir que la gran mayoría de participantes apuestan claramente por aplicar una única técnica metodológica de diseño.

De igual manera, se observa que la utilización de un mayor número de técnicas no implica, necesariamente, un mayor número de propuestas de cambios morfológicos/funcionales y que la técnica SCAMPER es la preferida por los participantes.

Por lo que respecta a la tipología de técnicas utilizadas y su contribución específica en el global de propuestas de diseño, se observa que la mitad de las técnicas utilizadas generan 9 de cada 10 propuestas de diseño. De nuevo vuelve a posicionarse la técnica SCAMPER como la más productiva.

Atendiendo a los participantes más prolíficos y el número y técnicas que utilizan, comprobamos que, en contra de lo que inicialmente pudiese parecer, aquellos que aplican una única técnica metodológica son los que generan un mayor número de aportaciones originales de diseño. Estos resultados nos podrían llegar a concluir, a falta de estudios más amplios, que es mejor centrarse en una única técnica de diseño con objeto de aumentar la productividad en el diseño.

En una siguiente fase de la investigación, se deberá profundizar en porqué los participantes seleccionan unas determinadas técnicas y no otras alternativas. Para ello, será necesario establecer una serie de premisas y variables a analizar y contrastar: finalidad y alcance de la técnica, facilidad de aplicación, rango de aplicabilidad.

Referencias

BRUTON, D. (2010). Learning creativity and design for innovation. *International Journal of Technology and Design Education*, *21*(3), 321–333. https://doi.org/10.1007/s10798-010-9122-8

BUSER, J. K., BUSER, T. J., GLADDING, S. T., & WILKERSON, J. (2011). The Creative Counselor: Using the SCAMPER Model in Counselor Training. *Journal of Creativity in Mental Health*. https://doi.org/10.1080/15401383.2011.631468

CANADIANS FOODGRAINS BANK (EDITOR). (2014). The Problem Tree. Retrieved from http://www.foodgrainsbank.ca/uploads/tips/tips103.pdf

CHULVI, V., GONZÁLEZ-CRUZ, M. C., MULET, E., & AGUILAR-ZAMBRANO, J. (2013). Influence of the type of idea-generation method on the creativity of solutions. *Research in Engineering Design*, *24*(1), 33–41. https://doi.org/10.1007/s00163-012-0134-0

CRAWFORD, R. P. (1979). *Direct Creativity With Attribute Listing* (Paperback). Burlington, Vermont: Fraser Publishing Company.

CURRY, T. (2014). A theoretical basis for recommending the use of design methodologies as teaching strategies in the design studio. *Design Studies*, *35*(6), 632–646. https://doi.org/10.1016/j.destud.2014.04.003

DORST, K., & CROSS, N. (2001). Creativity in the design process: co-evolution of problem–solution. *Design Studies*, *22*(5), 425–437. https://doi.org/10.1016/S0142-694X(01)00009-6

GARCÍA, M., CLOQUELL, V., & GÓMEZ, T. (2001). *Metodología del diseño industrial.* Editorial de la UPV. Retrieved from http://books.google.com/books?hl=es&lr=&id=o0xtC7yE7kYC&pgis=1

GILLHAM, B. (2000). Developing a questionnaire. Real world research. London: Continuum Books.

HAMMOND, J. M., HARVEY, C. M., KOUBEK, R. J., COMPTON, W. D., & DARISIPUDI, A. (2005). Distributed collaborative design teams: Media effects on design processes. *International Journal of Human-Computer Interaction*, *18*(2), 145–165. Retrieved from http://www.scopus.com/inward/record.url?eid=2-s2.0-20444398193&partnerID=40&md5=c8748ba42e4e311a140102ad3cc13fcd https://doi.org/10.1207/s15327590ijhc1802_2

HOYLE, C. J., & CHEN, W. (2009). Product attribute function deployment (PAFD) for decision-based conceptual design. *IEEE Transactions on Engineering Management*, *56*, 271–284. https://doi.org/10.1109/TEM.2008.927787

JONES, J. C. (1992). *Design Methods*. (G. T. Houlsby & A. N. Schofield, Eds.)*Design* (Vol. 1). Wiley. https://doi.org/10.1111/j.1476-8070.1990.tb00752.x

KAUFMAN, J. J. (2003). Building FAST Models Based on Issues of Concern. Retrieved October 10, 2014, from http://www.value-eng.org/knowledge_bank/attachments/Kaufman Jerry Buiiding FAST Models Based.pdf

KRISHNAN, V., & ULRICH, K. T. (2001). Product Development Decisions: A Review of the Literature. *Management Science*. https://doi.org/10.1287/mnsc.47.1.1.10668

KROSNICK, J. A., & PRESSER, S. (2010). Question and Questionnaire Design. In *Handbook of Survey Research* (p. 886). Retrieved from http://books.google.com/books?id=mMPDPXpTP-0C&pgis=1

LAWSON, B. (2006). *How designers think: the design process demystified. LONDON ARCHITECTURAL PRESS* (Vol. 3rd revise). London Architectural Press. https://doi.org/10.1007/s11060-008-9735-x

LÓPEZ FORNIÉS, I., & BERGES MURO, L. F. (2012). Conceptual product design: biomimetic approach for functional improvement. *Dyna*. Federación de Asociaciones de Ingenieros Industriales. Retrieved from http://dialnet.unirioja.es/servlet/articulo?codigo=3824798&info=resumen&idioma=SPA

MALHOTRA, N. K. (2006). Questionnaire Design and Scale Development. In *The Handbook of Marketing Research* (pp. 176–202). https://doi.org/10.4135/9781412973380

MCCONATHY, D. A. (1990). Theories of creativity. *The Journal of Biocommunication*, *17*, 11–15. https://doi.org/10.1080/10400419109534388

MDF (Editor). (2005). MDF Tool: Problem Tree Analysis. Retrieved from http://www.toolkitsportdevelopment.org/html/resources/91/910EE48E-350A-47FB-953B-374221B375CE/03 Problem tree analysis.pdf

MILES, L. D. (1962). Value Analysys and engineering. Retrieved October 10, 2014, from http://www.minds.wisconsin.edu/bitstream/handle/1793/5632/544.pdf?sequence=1

ODI (Editor). (2009). Planning tools: Problem Tree Analysis. Retrieved October 1, 2014, from http://www.odi.org/publications/5258-problem-tree-analysis

OGOT, M. (2006). Systematic Creativity Methods in Engineering Education: A Learning Styles Perspective. *International Journal of Engineering Education*, *22*, 566–576. Retrieved from http://apps.isiknowledge.com/full_record.do?

product=WOS&search_mode=GeneralSearch&qid=4&SID=3BL3acf81OckoHjp4Ml&page=1&doc=1

OMAN, S., & TUMER, I. Y. (2009). The Potential of Creativity Metrics for Mechanical Engineering Concept Design. In *International Conference on Engineering Design* (pp. 145–156).

OSBORN, A. F. (1963). Applied Imagination: Principles and procedures of creative problem solving. Oxford. Retrieved from http://psycnet.apa.org/psycinfo/1954-05646-000

PURCELL, P. (1981). How designers think. *Design Studies*. https://doi.org/10.1016/0142-694X(81)90033-8

RITCHEY, T. (1998). General Morphological Analysis.

RITCHLEY, T. (2006). Problem structuring using computer-aided morphological analysis. *Journal of the Operational Research Society (JORS)*., *57*(7), 792–801. Retrieved from http://www.swemorph.com/pdf/psm-gma.pdf https://doi.org/10.1057/palgrave.jors.2602177

SARKAR, P., & CHAKRABARTI, A. (2011). Assessing design creativity. *Design Studies*, *32*, 348–383. https://doi.org/10.1016/j.destud.2011.01.002

SMOLENSKY, E. D., & KLEINER, B. H. (1995). How to train people to think more creatively. *Management Development Review*. https://doi.org/10.1108/09622519510104663

SSWM (Editor). (2014). Sustainable sanitation and water management. Retrieved from http://www.sswm.info/category/planning-process-tools/decision-making/decision-making-tools/situation-and-problem-analys-0

STERNBERG, R. J., & LUBART, T. I. (1993). Investing in Creativity. *Psychological Inquiry*. https://doi.org/10.1207/s15327965pli0403_16

TORRANCE, E. P. (1972). Can we teach children to think creatively? *The Journal of Creative Behavior, Vol 6*, 114–143. https://doi.org/10.1002/j.2162-6057.1972.tb00923.x

ULRICH, K. T., & EPPINGER, S. D. (1995). *Product Design and Development. Product Design and Development* (Vol. 384). https://doi.org/10.1016/B978-0-7506-8985-4.00002-4

ULRICH, K. T., & EPPINGER, S. D. (2012). *Product Design and Development. Product Design and Development* (Vol. 384). https://doi.org/10.1016/B978-0-7506-8985-4.00002-4

WISSEMA, J. G. (1976). Morphological analysis: Its application to a company TF investigation. *Futures*, *8*(2), 146–153. https://doi.org/10.1016/0016-3287(76)90064-1

WIXSON, J. R., & CVS, C. M. E. (1999). Function analysis and decomposistion using function analysis systems technique. In *Proceedings of the International Council on Systems Engineering Annual Conference, INCOSE,*

June (pp. 6–10). Retrieved from http://citeseerx.ist.psu.edu/viewdoc/download?doi=10.1.1.127.4279&amp\nrep=rep1&amp\ntype=pdf

YUSOFF ABBAS, M., IBRAHIM BAJUNID, A. F., ZAINOL, A. S., YUSOF, W. Z. M., MASTOR, K. A., SANUSI, Z. M., & RAMLI, N. M. (2012). Using Group Brainstorming in Industrial Design Context: Factors Inhibit and Exhibit. *Procedia - Social and Behavioral Sciences*, *49*, 106–119. Retrieved from http://www.sciencedirect.com/science/article/pii/S1877042812031060 https://doi.org/10.1016/j.sbspro.2012.07.010

ZWICKY, F., & WILSON, A. G. (Eds.). (1967). *New Methods of Thought and Procedure*. Berlin, Heidelberg: Springer Berlin Heidelberg. https://doi.org/10.1007/978-3-642-87617-2

Empresa i Universitat. Innovació de Productes i Serveis. Grup Danone - UPC

Cesc Mestres Domènech
ESEIAAT. Enginyeria de Projectes i de la Construcció.
ESEIAAT. Expressió Gràfica a l'Enginyeria

Jose Luis Lapaz Castillo
ESEIAAT. Expressió Gràfica a l'Enginyeria

Resum

El baròmetre de la innovació de Catalunya del 2017 (ACCIÓ, 2017) contempla que el 55% de les empreses catalanes han innovat el 2017, que el 45% de les empreses catalanes incrementarà la facturació gràcies a la innovació, el 21,5% de les empreses catalanes preveu crear nous llocs de treball gràcies a la innovació i que el 53% de les empreses innovadores exporten els seus productes.
I el fet és que cada cop més, moltes empreses es certifiquen en gestió de la innovació, creen departaments d'I+D i generen nous productes, serveis, mercats i negocis. Alhora, en molts estudis universitaris, el concepte d'innovació entra en joc en els plans docents de molts Graus i Màsters, on s'explica als estudiants que innovar és crear coses noves, i que això és el que fan les empreses innovadores en els seus departaments d'I+D.
A la Universitat Politècnica de Catalunya es presenta l'oportunitat de col·laboració amb una empresa referent en innovació vinculat a un projecte acadèmic: El departament d'I+D del grup Danone Barcelona proposa reptes reals de disseny de productes i/o serveis als estudiants dels Estudis Avançats en Disseny-Barcelona (MBDesign).
El segent articlee acadèmic:s i/o serveis als estudiants del departaments d'dinservei a l'es empreses actuals, com üent article pretén explicar l'experiència d'aquesta col·laboració i la vinculació entre els conceptes acadèmics explicats sobre innovació, i la pràctica

de dur-los a terme en un repte real, per una empresa real i que alhora és proposat per la mateixa empresa. Totes aquestes experiències s'expliquen molt bé a través de les metodologies desenvolupades en les sessions de projectes que es detallen a continuació.

1. Investigació, desenvolupament i innovació en el disseny de productes

En el marc del Màster Universitari en Estudis Avançats en Disseny-Barcelona (UPC, n.d.), i en la seva especialitat de disseny, innovació i tecnologia; els estudiants imparteixen l'assignatura d'investigació, desenvolupament i innovació en el disseny de productes.

Durant els 5 crèdits desenvolupats en el primer quadrimestre del Màster, es despleguen una sèrie de càpsules teòriques i de debat a classe sobre les següents temàtiques: introducció al *design thinking* i metodologies de disseny, investigació centrada en l'usuari, innovació de producte, innovació de mercat, innovació en negoci, eco-innovació i innovació en cicle de vida del producte i creativitat en disseny de nous productes i serveis.

Tots aquests conceptes es treballen en el context d'un projecte acadèmic proposat pels professors de l'assignatura. Enguany, s'ha dut a terme el projecte en base a uns casos reals de reptes de disseny proposats pel departament d'innovació del grup Danone. Aquests projectes s'han tutoritzat conjuntament amb professors de la UPC i responsables implicats del departament d'innovació del grup Danone de Barcelona.

L'objectiu clau en el desenvolupament d'aquest projecte acadèmic, vinculat a una empresa, ha estat treballar diferents estratègies en investigació per poder conceptualitzar amb més precisió una proposta de producte o servei.

En el present article, s'exposarà l'estratègia de l'assignatura, les metodologies utilitzades en el projecte, tan en la investigació com en la conceptualització, i els resultats del pilot de realització d'un projecte acadèmic en el context d'un repte real per una empresa real.

1.1. Càpsules de coneixement

El procés global de disseny es basa en tres fases bàsiques d'execució: investigació, ideació i implementació. Els continguts de cada fase no han de ser exactament lineals, donat que es poden retro-alimentar.

Figura 1. Procés no linial del *Design Thinking*. Font: www.designthinking.es (DINNGO, n.d.).

No obstant, els resultats de cada fase han de ser fidels entre ells per que el producte o servei esdevingut estigui ben resolt.

Per que han de ser fidels? Imaginem el cas que ens basem amb conclusions o *insights* arribades d'una investigació centrada en l'usuari, i en una següent fase creativa no responem a propostes de disseny basades en les problemàtiques no resoltes o necessitats no cobertes de l'usuari descobertes en dita investigació. Segurament el resultat d'aquesta proposta de disseny no serà coherent i el resultat fracassarà en el seu concepte.

1.1.1. Introducció al *design thinking*

Un mètode per generar idees innovadores, centrat sobretot en necessitats reals dels usuaris, és la tècnica desenvolupada de forma teòrica a la Universitat de Stanford California (EEUU) a la dècada dels 70.

De la mateixa forma que la consultora de disseny IDEO, de la mà del seu CEO Tim Brown, va dur a terme l'aplicabilitat d'aquesta tècnica teòrica en la forma en que els dissenyadors pensen, s'ha proposat en la línia de la cerca de la innovació en el procés de de treball del repte de disseny proposat pel grup d'I+D de Danone dins l'assignatura.

De fet, Brown proposa en la seva primera publicació sobre *Design Thinking, Change by Design: How Design Thinking Transforms Organizations and Inspires Innovation* (Brown & Katz, 2009), com l'enfocament centrat en les persones por ajudar d'una forma molt més eficaç a la resolució de problemes i, que alhora, ajudi a les organitzacions a ser més innovadores i creatives.

En aquest sentit, el procés es potent, ja que la realitat es que la majoria de les innovacions provenen d'un exercici rigorós per a la identificació d'oportunitats de disseny, com és el cas del *Design Thinking,* i no pas de la genuïnitat espontània d'idees.

En el procés es treballen a través de cinc passos i amb un treball molt col·laboratiu: empatia, definició, ideació, prototipat i test:

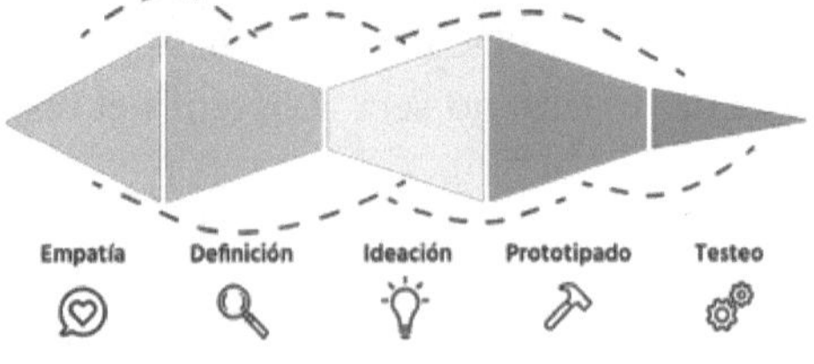

Figura 2. Passos *Design Thinking.* Font: www.designthinking.es.

1.1.2. Innovació de producte i serveis

En la majoria de les ocasions, la innovació de producte i/o serveis, consisteix en trobar la inspiració en l'entorn per crear alguna cosa nova capaç de solucionar necessitats dins del mercat, és a dir, identificar oportunitats, creant i generar propostes que tinguin valor.

L'aproximació al concepte d'innovació, que es desplega a l'assignatura en qüestió, es fonamenta amb la classificació que es presenta en les diferents edicions del Manual de Oslo (OECD, 2018). La guia defineix diferents tipologies d'innovació: innovació de producte (podem incloure també serveis), innovació en els processos, innovació en el mercat i innovació en l'empresa. De la mateixa guia, es detalla també el nivell o escala d'innovació: des de la innovació incremental, a la innovació trencadora i disruptiva.

A través de casos reals i treballs individuals, entendre la tipologia i nivell d'innovació, formarà part de la inspiració i creativitat en el desenvolupament del repte proposat.

1.1.3. Innovació centrada les persones

A cavall de la introducció del *Design Thinking*, es presenta aquesta càpsula per motivar a través del disseny d'experiències. On la creació de productes o serveis resolen necessitats concretes als seus usuaris finals, aconseguint d'aquesta forma una millora satisfacció i experiència a l'usuari amb el mínim d'esforç.

Aquesta càpsula de coneixement serveix alhora per entendre que, relacionat o no amb el disseny del producte, es dissenyen també serveis. El disseny de serveis permet dissenyar experiències per les persones usuàries creant nous vincles amb el producte. Alhora que ajuda a potenciar les capacitats d'acció i interacció.

En aquest sentit, s'obren noves portes a la resolució dels reptes plantejats en el projecte de l'empresa Danone. On el producte pot dur associat un servei, fins i tot, només es plantejarà el disseny d'un servei.

1.1.4. Innovació centrada en el negoci

Cada cop és més clar que el disseny és estratègic en els negocis. Cada vegada més, escoles i Universitats de negocis fan *Design Thinking* en els seus programes de grau i postgraus, així com les escoles i Universitat de disseny fan més *Business Management* també en els seus programes docents. I aquesta realitat, apart de ser alhora innovadora, és molt rellevant adonar-se que la sinèrgia entre negoci i disseny està a l'ordre del dia.

S'ha de conèixer que la gestió de la innovació en el negoci, per a que una empresa es pugui certificar com a empresa que investiga i desenvolupa; és a dir en I+D, passa per les directrius descrites en la família de normes espanyola UNE 166000, prenent com a primera referència la de *Gestión de la I+D+i: Terminologia y definiciones de las actividades I+D+i* (AENOR, 2006) i els seus següents apartats. Aquesta normativa espanyola està basada amb els estàndards BS 7000-1 del Regne Unit sota la normativa *Design management systems – Guide to managing innovation* (British Standard Institution., 2008) on es presenten diferents procediments per a les empreses per gestionar el disseny, és a dir, una guia per gestionar la innovació.

Per aproximar-ho encara millor al disseny i posar-ho en valor de negoci, les propostes treballades en els reptes de disseny plantejats per Danone, es proposa prototipar el model de negoci en base al *Business Model Canvas,* qui els autors *Alexander Osterwalder i Yves Pigneur* presenten a la seva guia *Business model generation : a handbook for visionaries, game changers, and challengers* (Osterwalder & Pigneur, 2013). Aquest format és genial per analitzar i visualitzar en un únic DINA3 la proposta de valor de negoci inspirada del disseny treballat.

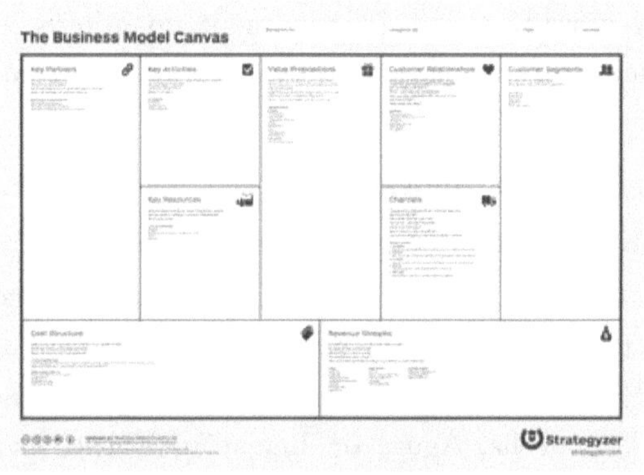

Figura 3. Business Model Canvas. Font: Strategyzer

1.1.5. Eco-innovació i innovació social

Com a tipologia d'innovació no especificat en el citat anteriorment Manual de Oslo (2018), però bàsic per entendre avui en dia la innovació, es la tipologia d'eco-innovació (inclosa en aquesta, també la innovació social). D'aquesta forma, es treballa l'eco-innovació com a càpsula independent.

Aquesta càpsula és bàsica per entendre molt bé el projecte global del grup Danone, sobretot pels seus valors fonamentals del grup: *one planet, one health*. Aquest fet fa que encara tingui més força debatre aquestes qüestions a l'assignatura i sessions de projecte.

Està clar que els sistemes productius han canviat i evolucionat al llarg de la història, i això ha succeït en gran part gràcies als avenços en enginyeria i dels seus productes. En aquesta línia, des del disseny industrial, som responsables de l'impacte ambiental que ocasionem en els processos productius i en la generació de producte. Donat que com a dissenyadors hem de ser conscients d'aquesta responsabilitat ambiental i social, en el procés de disseny ha d'existir, d'un mode innegociable, en tot el cicle de vida del desenvolupament del producte, les consideracions corresponent en criteris ambientals i socials que facin una solució de producte i/o servei sostenible.

2. Reptes Danone: Innovació productes i/o serveis

2.1. El grup Danone i l'equip d'I+D Barcelona

El Grup Danone és una empresa francesa que comercialitza productes lactis i begudes amb seu a París i fundada a Barcelona. Actualment el grup també gestiona altres marques comercials com Agua Salus, Font Vella, Aguas de Lanjarón, Volvic, Evian, Badoit, Lattella i Actimel-Activia.

En concret, l'equip d'I+D Danone Barcelona proposa una bateria de 10 reptes de disseny a escollir pels equips de projectes del Màster Universitari en Estudis Avançats en Disseny-Barcelona de l'UPC, en el marc de l'assignatura abans descrita.

El departament d'I+D (Danone, n.d.) aposta en el seu dia a dia cap als seus quatre àmbits d'innovació: benestar, cultures, progres i fiabilitat. Alhora que s'engloben en el principals valors del grup Danone: Salut i benestar, pel plaer de totes les persones i per la cura del planeta.

Figura 4. Logotip, els valors del grup Danone. Font: Danone

2.2. Els reptes d'innovació

L'equip d'I+D de Danone proposa unes prioritats en els 10 reptes presentats, on es remarca principal interès en el context de treball en l'entorn de eco-innovació de producte i de serveis.

De tots aquests, els equips de projectes seleccionen els següents:

1. *Model refill & reuse packaging in-store (bonus track: No pack at all!)*
2. *From paper cup to paper bottle for dairy drinks*

El projectes es tutoritzen amb els professors que coincideixen en el autors del present article, i es proposa una metodologia de treball basat amb el co-disseny.

2.3. Metodologia de projecte

L'objectiu a assolir en aquest projecte és la de resoldre el repte amb propostes de disseny de producte i/o servei en una fase de conceptualització. En aquest sentit, durant les sessions de treball i seguiment de projecte es desenvoluparan dues fases bàsiques del disseny abans esmentades: investigació en disseny i conceptualització de producte/servei. En aquest cas, la implementació o desenvolupament de producte/servei, des d'un punt de vista industrial, no es durà a terme.

L'esquema de treball ha estat el següent:

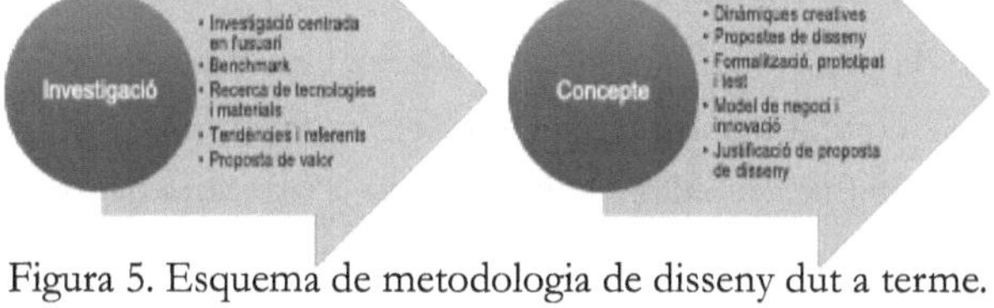

Figura 5. Esquema de metodologia de disseny dut a terme.
Font: pròpia

2.3.1. Fase d'investigació

Durant la fase d'investigació, es pretén que l'equip obtingui tota la informació per inspirar-se en les futures propostes de disseny. En base a analitzar les experiències dels usuaris, analitzant la competència i el mercat, trobant tecnologies o materials que puguin inspirar en el futur disseny i entenent les tendències de la societat actual, es pot resoldre un potent mapa de *insights*. Què son aquests *insights*? Corresponen als detectors trobats sobre problemàtiques no resoltes dels usuaris, necessitats no cobertes i/o oportunitats de disseny descobertes durant aquesta fase d'investigació.

Seleccionant aquestes oportunitats més destacades, es pot definir clarament una proposta de valor per començar a conceptualitzar un producte i/o servei. És cert que la proposta de valor pot coincidir bastant en l'enunciat del repte que proposa Danone. No obstant, es pretén re-treballar aquesta proposta de valor per descriure quin producte o servei es vol dissenyar, quina necessitat, problemàtica o oportunitat del mercat es cobrirà i satisfarà a l'usuari, alhora que es diferencia de la competència. En definitiva, una manera de generar una proposta de valor amb aquestes característiques, és aplicar els principis de la innovació. Aquests principis d'innovació es fonamenten molt clarament en el referent sobre recerca i innovació: *Blue Ocean Strategy* (Kim & Mauborgne, 2004) on, des de la òptica del màrqueting, cerca aquest espais en el mercat on la competència és irrellevant i, per tant, hi ha espai per generar dit valor.

2.3.2. Fase de conceptualització

Durant la fase de conceptualització, es pretén que l'equip desenvolupi conceptes de disseny fidels a la inspiració de la fase anterior. La línia de treball és la co-creació, evidentment molt present en les pròpies dinàmiques creatives, però també en la forma amb com els grups comparteixen els resultats obtinguts i el *feedback* de tots, tan dels companys, tutors com de l'empresa. El dissenyador i doctor en antropologia Joan Vinyets explicava molt clarament en un article, que es titulava amb el mateix mot: cocreació (Vinyets, 2012), com la co-creació a la indústria justament era la palanca rellevant cap a la innovació.

Sobretot es treballa amb aquesta mirada creativa per que es creu fermament que per les empreses innovadores, com és el cas de Danone, fomentar la cultura creativa en l'entorn empresarial és clau per desenvolupar coses noves: productes, serveis, estratègies, empreses, etc.

Durant les primeres dinàmiques creatives dutes a terme a les sessions de projecte, es desenvolupen dins dels grups diferents tècniques exploratòries d'ideació basades amb el *brainstorming*, *lateral thinking* i quadres morfològics. Tècniques que es basen amb l'associació, confrontació i la combinació d'idees que es van generant. És cert que el denominador comú en totes les dinàmiques es fomentar el *design writting*, una metodologia creativa de grup engendrada pel dissenyador Luki Huber, on el que es pretén es que s'anotin el màxim d'idees i totes les idees per absurdes que puguin semblar, per a ser valorades més tard. Aquesta dinàmica es documentada i guiada en la publicació del propi autor en forma de manual: *Manual Thinking* (Huber & Veldman, 2015), en el qual ofereix també eines per dur-ho a terme i que s'han plantejat com a recurs a les sessions de projecte.

2.3.3. Resultats de la conceptualització

De les millors propostes sorgides de les dinàmiques creatives, s'analitzen cadascuna d'elles per visualitzat quines tenen més valor. Com es realitza aquest anàlisis qualitatiu de les millors propostes? Mitjançant un quadre d'anàlisis DAFO, on es detallen les característiques i valors de les propostes per a cada cas i de la forma que es presenta:

	Factors interns	Factors externs
Factors positius	Fortaleses: Característiques de la proposta que l'hi donen avantatge per assolir el repte en relació a la resta de propostes.	Oportunitats: Característiques externes (mercat / competència) que posen en avantatge per assolir, millorar i obtenir major guany amb el repte.
Factors negatius	Debilitats: Característiques que situen la proposta en desavantatge per assolir el repte en relació a la resta de propostes.	Amenaces: Característiques externes (mercat / competència) que posen en desavantatge el projecte per assolir el repte.

Taula 1. Anàlisis DAFO. Font: elaboració pròpia.

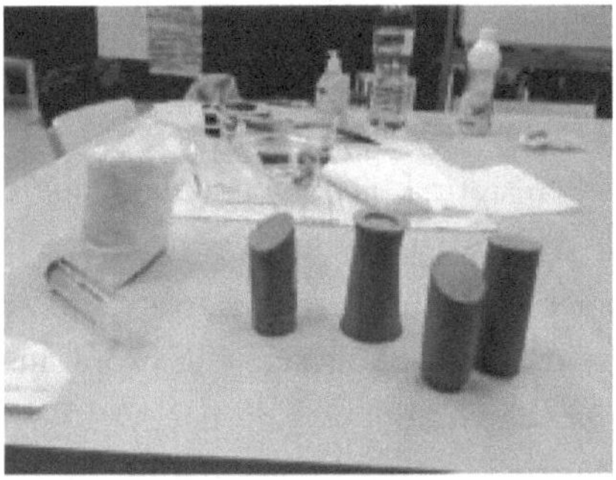

Figura 6. Formalització de producte realitzat a les sessions de projecte. Font: pròpia

Aquest anàlisis es clau per prendre decisions i determinar quina proposta i repte es el més assolible. D'aquesta, s'iniciarà un procés de formalització i/o prototipat del producte amb la finalitat de poder-ho testejar amb l'equip, usuaris i l'empresa. L'objectiu és obtenir un retorn de l'experiència de la proposta de producte o servei. Aquesta formalització ha de ser lleugera i suficient per poder-ho validar. És a dir, un dossier de *sketch*, una maqueta d'una aplicació mòbil, una maqueta amb materials bàsics com cartró o una maqueta virtual amb 3D, hauria de ser suficient per validar la seva funció amb els usuaris.

2.3.4. Resultats dels reptes

Els equips de projectes del Màster presenten els resultats de les propostes de disseny de producte i/o servei a l'equip d'I+D de Danone al desembre del 2018. Amb quina finalitat? Poder rebre *feedback* d'un context real en una empresa que aposta per la innovació en el seu dia a dia. Anar molt més enllà d'un projecte acadèmic i aparèixer oportunitats de que aquestes idees poden caminar cap a alguna solució real.

La sinèrgia més satisfactòria ha estat com l'empresa entén que sortir de la zona de confort de context de la seva rutina diària i extrapolar la dinàmica d'ideació per uns moments a un context universitari i aprofitant les metodologies de disseny que s'estan treballant actualment a la Universitat, és molt potent. Des de la Universitat, s'entenen aquestes dinàmiques de col·laboració com una estratègia molt sana i que, com en aquest cas, ajuda a entendre als estudiants molt bé com és l'I+D, alhora que es percep com s'omple d'energia a l'empresa amb les inquietuds fresques dels estudiants.

Les propostes de projecte estan en fase de validació per l'empresa i es presenten al gener del 2019, amb l'oportunitat que puguin entrar en joc en les línies d'innovació que l'empresa està desenvolupant. Alguns d'aquest resultats veuran la llum en un futur aviat?

Referències

ACCIÓ. (2017). Baròmetre de la Innovació a Catalunya 2017. ACCIÓ - Agència per la Competitivitat de l'Empresa. Retrieved January 17, 2019, from http://www.accio.gencat.cat/ca/serveis/banc-coneixement/cercador/BancConeixement/barometre_de_la_innovacio_a_catalunya_2017

AENOR. (2006). UNE 166000:2006.

British Standard Institution. (2008). Design management systems: pt. 1: guide to managing innovation ICS 03.100.01. BSI.

Brown, T. (Writer on industrial design), & Katz, B. (2009). Change by design: how design thinking can transform organizations and inspire innovation. HarperCollins Publishers.

Danone. (n.d.). Danone España - Nuestros campos de innovación. Retrieved January 16, 2019, from http://corporate.danone.es/es/descubre/mision-en-accion/nuestros-campos-de-innovacion/?_ga=2.221459800.1711974265.1547629666-871745953.1547629666

DINNGO. (n.d.). Design Thinking en Español. Retrieved January 16, 2019, from http://www.designthinking.es/home/index.php

Huber, L., & Veldman, G. J. (2015). Manual Thinking: la herramienta para gestionar el trabajo creativo en equipo. Urano.

Kim, W. C., & Mauborgne, R. (2004). Blue ocean strategy: how to create uncontested market space and make the competition irrelevant.

OECD. (2018). *Oslo Manual 2018*. OECD. https://doi.org/10.1787/9789264304604-en

Osterwalder, A., & Pigneur, Y. (2013). Business model generation: a handbook for visionaries, game changers, and challengers. Wiley.

UPC. (n.d.). Màster universitari en Estudis Avançats en Disseny-Barcelona (MBDesign). Retrieved from https://www.upc.edu/ca/masters/estudis-avancats-en-disseny-barcelona-mbdesign

Vinyets, J. (2012). Cocreació: La mirada antropològica: una palanca d'innovació. Antecedents i experiències en la seva praxi. *Revista d'etnologia de Catalunya*, *0*(38), 66–75.

Todo en Uno: Integrar el Diseño de Sólidos, las Geometrías Plana y Espacial y la Normalización

Francisco López Berbel
EETAC. Expressió Gràfica a l'Enginyeria

José Antonio Castán Ponz
EETAC. Expressió Gràfica a l'Enginyeria

Resumen

La introducción del ordenador en la enseñanza de la expresión gráfica ha sido, afortunadamente, inevitable aunque no ha dejado de plantear problemas con respecto a los contenidos de los cursos iniciales de esta materia, especial y específicamente en la ingeniera.

En general se planteaban tres temas que, con más o menos profundidad, se desarrollaban en paralelo: la geometría plana, la geometría descriptiva y sistemas de representación y la normalización. Con la llegada del ordenador, aún con programas de carácter genérico y donde básicamente se sustituían los lápices por herramientas muchísimo más potentes parecía que, parte de lo que se enseñaba, quedaba supeditado a las herramientas de estos programas. Y muchas veces condicionado por ellos.

Nuestra experiencia es justo la contraria: con la introducción de programas específicos de diseño de sólidos, que son algo más que una simple herramienta de dibujo, el análisis geométrico plano, el espacial y las estrategias de diseño quedan incorporados al proceso de generación de los sólidos.

Aunque nunca se exprese así frente al alumno que debe ver esos análisis como una parte más, no diferencia del correcto diseño de sólidos que se le exige.

Nosotros sabemos que alumnos con un dominio óptimo de la herramienta no resuelven los problemas propuestos si no saben

plantearse las bases geométricas, planas o espaciales, del problema y no organizan las operaciones a realizar de una manera lógica y coherente.
Un buen diseño de sólidos solo puede basarse en un análisis robusto de la realidad técnica concreta del problema.

1. De qué partimos

1.1. Alumnos

Nuestros alumnos son alumnos de primer curso, segundo cuatrimestre. Sin conocimientos previos sobre la ejecución de sólidos ni el dibujo técnico y, mucho menos, sobre normalización industrial. A veces incluso con ideas equivocadas sobre los mismos.

1.2. Entorno

Los planes de estudio de las titulaciones propias de la EETAC no contemplan otras asignaturas que den materias técnicas o tecnológicas relacionadas con la fabricación, el diseño, los objetos reales (sólidos), etc.

Ni antes ni después van a encontrarse con estos temas. Lo más cercano a la Expresión Gráfica sería la elaboración de las cartas aeronáuticas que contienen una gran carga simbólica. En ellas, ni siquiera la escala es relevante ya que expresan en un plano procesos que, generalmente, son tridimensionales. Las plantas de los aeropuertos y la situación de las pistas sería lo más aproximado a una vista tal y como la entendemos y, debido a su tamaño, el detalle queda también reducido a símbolos.

1.3. Medios

Para desarrollar el curso disponemos de un laboratorio informático y licencias del programa de diseño de sólidos SolidWorks SDK.

El curso dura 1 cuatrimestre que se concreta en 24 sesiones de 2 horas y 12 de 1 hora.

En esas sesiones están incluidas las pruebas, controles, evaluaciones, prácticas, etc…

No hay sesiones teóricas aunque las practicas siempre tienen una introducción básica sobre los problemas que van a encontrar y su solución.

2. El objetivo

Dar unos conocimientos básicos sobre la ejecución de sólidos mediante programas específicos (en nuestro caso SolidWorks SDK) pero atendiendo a las siguientes prioridades:

- No todas las estrategias para realizar un sólido son básicas. Lo que se denomina intención de diseño y la coherencia técnica del proceso son relevantes.
- No solo se copian objetos sino que se resuelven problemas por lo que el alumno debe tomar decisiones que implican conocimientos y criterios específicos.
- Adquisición de habilidades que en cursos o estudios posteriores puedan serles de utilidad.

Con estos principios no se establece una separación entre la geometría plana, la espacial y la estrategia de diseño sino que se plantea un problema y se utilizan unas u otras para resolver el problema.

Encontramos especialmente gratificante que, al final del cuatrimestre, cualquier alumno sea capaz de realizar razonamientos y planteamientos que no hubieran hecho al inicio del mismo y, por tanto, ser conscientes de que hemos cambiado la forma en la que ven la realidad técnica de los problemas y que son capaces de extraer de los problemas los datos básico fundamentales para resolver un problema.

3. Como se desarrrolla el curso

Dado que no podemos contar con razonamientos basados en la tecnología hemos de trabajar con ejemplos y en temas que puedan ser entendidos sin esos conocimientos y, encontrarlos, no resulta sencillo; hemos utilizado muchos pero, en la actualidad, utilizamos dos temas básicos: Lo que denominamos Contenedores y Mecanismos.

3.1. Contenedores

Es la parte inicial del curso y en ella se aprende:

- El funcionamiento del programa,

- Los inicios de la representación técnica normalizada mediante la cual les comunicamos los problemas a resolver y, sobre todo,

- Iniciarse en el hábito de que toda decisión ha de ser justificable y justificada, es decir no arbitraria.

Eso, que puede no parecerlo de entrada, es decisivo porque han de cambiar su mentalidad de que "todo vale si logro la forma adecuada" por la de plantearse las distintas opciones y sus características y escoger la más adecuada para los fines que desean obtener.

Para nosotros, en esta fase del curso, un contenedor consiste en una caja vacía dentro de la cual vamos a colocar un sólido. Los principios a respetar son: el grueso de la pared ha de ser uniforme de un valor determinado y la separación entre la cara interior del contendor y el sólido también contante.

Esto es importante porque es la base de todos los ejercicios del curso: esos principios y su significado pueden ser entendidos sin conocer absolutamente nada de ingeniería, ni procesos de fabricación ni tecnología de ningún tipo…

Lo que logramos en una primera instancia es que se habitúen a comprobar si lo que hacen tiene el resultado previsto o no y a rectificar los procesos de ejecución de los sólidos.

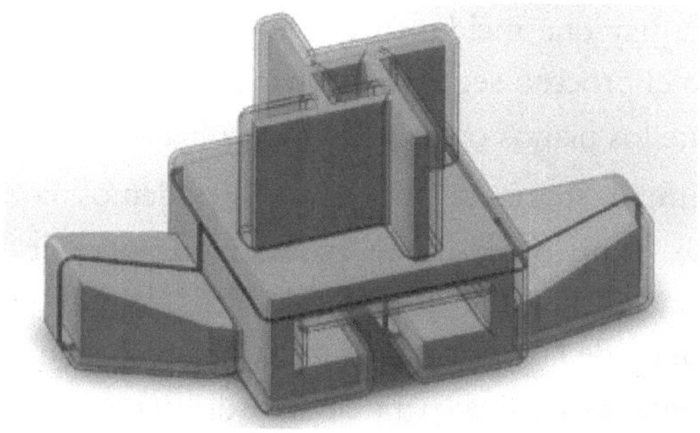

Figura 1. Ejercicio de contenedores. Fuente: producción propia

Pero eso no es todo: una vez realizado el sólido es evidente que ese contendor no sirve de nada si no lo hacemos desmontable, es decir si no lo partimos.

Aquí es donde empieza verdaderamente el curso porque no solo han diseñado el contenedor libremente sino que ahora han de decidir por donde y como partirlo para lograr que pueda montarse coherentemente dejando el sólido dentro.

Tampoco para eso se necesitan conocimientos tecnológicos porque resulta evidente que si lo partimos mal no podernos colocar es parte mal dividida alrededor del sólido… y eso es algo que además podemos probar con el movimiento de componentes apartado cinemática de colisiones físicas del programa utilizado.

Y, finalmente, es casi natural colocar unos encajes en las zonas en las que las distintas partes se encuentran lo que les introduce en el trabajo en planos específicos, pero no de gran dificultad.

La habilidad lograda en el diseño de los planes de corte de los contenedores es muy útil para algo aparentemente alejado de eso: entender los cortes de piezas por superficies quebradas o radiales.

En la figura 1 se muestra el resultado final de un examen de contenedores realizado en una hora y media por un alumno no repetidor escogido entre los que obtuvieron nota superior a 8.

Finalmente hay que incidir en que no solo se tiene en cuenta el resultado sino el proceso seguido agrupando operaciones, escogiendo adecuadamente los planos o superficies de trabajo, etc.

Como ejemplo sin más trascendencia podemos comentar que, cuando en un plano o dibujo se acota el diámetro de algo, no se admite la acotación de croquis en SolidWorks del radio aunque solo se dibuje la mitad de la pieza y se realice por revolución ya que existe una herramienta específica para acotar diámetros en esos casos. Puede que eso sea irrelevante pero, para alumnos que no han tenido ni va a tener contacto con la tecnología mecánica, interiorizar que un diámetro es algo tecnológicamente diferente al radio y que ningún cilindro bien definido por su radio es importante conceptualmente para aplicarlo por ejemplo en normalización y no permitirse acotar un radio cuando debería acotarse un diámetro.. lo del símbolo ya es otro tema. Eso miso se aplica a las cotas simétricas: no se admite sustituirla por dos cotas iguales: es una forma de aplicar normalización al trabajo con sólidos y darle coherencia a todo el proceso.

3.1. Mecanismos

Mecanismos es el tema que ocupa el ochenta por ciento del cuatrimestre porque, con ellos, se adquieren las habilidades básicas en geometría plana y espacial y se adquieren los hábitos que hacen más comprensible la normalización sobre todo la normalización de segundo nivel o no básica: tolerancias, estados superficiales, etc. En cuyos conceptos no se entra directamente como puede resultar evidente.

No se da teoría de mecanismos. Los mecanismos se estudian en cuanto son evidentes:

Lo que sucede cuando una barra gira o cuando se desplaza linealmente en un plano es algo obvio, razonable, comprensible sin necesidad de más planteamientos técnicos.

Claro que hay que explicar algunas cosas elementales sobre trayectorias y ponerles ejemplos de aplicación para mostrar cómo se aplican esas evidencias a casos reales pero, por lo demás, es perfectamente posible razonar sobre los problemas propuestos sin necesidad de analizar el mecanismo más allá de la obviedad de los movimientos.

Se cuenta con el atractivo añadido de que suele ser muy atractivo para el alumno crear "mecanismos" que hacen lo que teóricamente se les pide que hagan...

Evidentemente consideramos los mecanismos de una manera muy simplificada:

- Son siempre planos.
- Solo utilizamos barras rígidas indeformables (ni ruedas dentadas, ni resortes, ni rotulas espaciales, ni correas, ni cadenas, ni levas de contacto...etc.).
- Todas las barras deben estar suficientemente guiadas para realizar el movimiento determinado y las relaciones de posición que no son reales solo se pueden utilizar para mantener las piezas en su posición sin recurrir a elemento de sujeción.
- No nos preocupamos por cómo se montan o desmontan las piezas.
- No se utilizan elementos de sujeción (básicamente para acortar el tiempo de realización de los ejercicios).
- Nos centramos básicamente en el estudio del problema y en su solución.

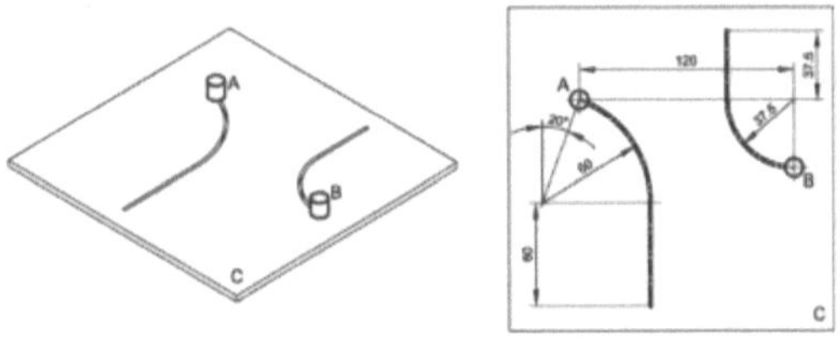

Figura 2. Ejercicio de mecanismos. Fuente: producción propia

En la figura 2 se muestra el enunciado de un examen de mecanismos de nivel inicial: conversión de movimientos sin condiciones. Se trata de lograr que A y B se muevan simultáneamente en todo su recorrido tanto en la ida como en la vuelta y no se imponen condiciones de espacio para resolverlo, aunque si una condición elemental: que el mecanismo ese a un lado del plano C y los objetos que se mueven A y b en el otro.

Evidentemente para empezar a hacer algo hay que explorar las condiciones el problema y estudiar gráficamente una posible solución. Comprobar conceptualmente su viabilidad y luego realizar los sólidos apoyándose en esa gomería inicial. Los sólidos resultantes son absolutamente elementales pero tiene la dificultad e que deben ser concebidos después de un análisis grafico imprescindible donde conceptos como perpendicularidad, tangencia, posición más lejana y más cercana, etc. Son inevitables.

En la figura 3 se muestra el croquis realizado en un examen de mecanismos realizado en dos horas y media por un alumno no repetidor escogido entre los que obtuvieron nota superior a 8. En dicho croquis solo se analiza la viabilidad de una posible solución.

Casi todos los suspensos lo son por no analizar gráficamente bien el problema, no establecer las tangencias adecuadas, los trazados no representan nada realmente viable, etc.

Evidente lo que el alumno aplica no son más que razonamientos básicos sobre el movimiento pero debe traducirlo a líneas, arcos, relaciones de tangencia, perpendicularidad, etc. y eso solo depende del modelo real, no hay conocimiento memorístico y, de hecho se les permite consultar cualquier fuente de información abierta incluyendo recursos de internet.

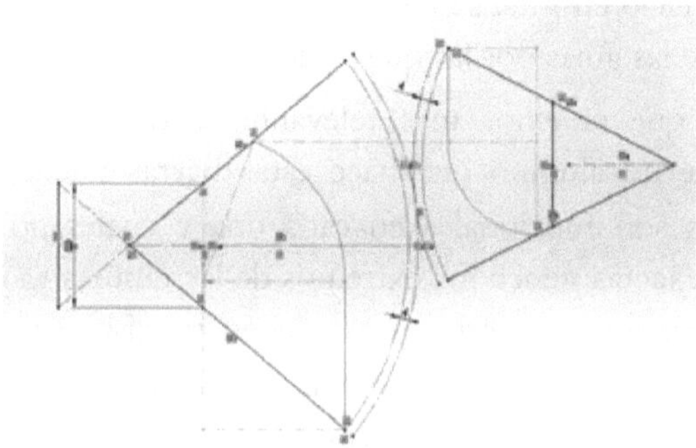

Figura 3. Croquis analizando una posible solución.
Fuente: producción propia

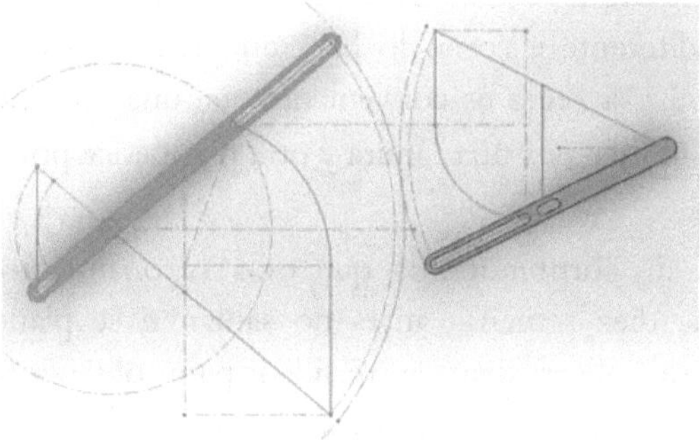

Figura 4. Dos de las barras que solucionan el problema.
Fuente: producción propia

En la figura 4 se muestra ya el ejercicio con dos barras realizadas. Obsérvese que las barras son elementales, cualquier sabría hacerlas pero lo decisivo en ellas es el dimensionado de las ranuras, la situación de los centros de giro, etc. y eso se deriva del croquis de la figura 2 sin el cual no hay solución posible.

Este ejercicio en total se resuelve con 5 barras incluido el plano C que contiene las guías por las que se deslizan las barras.

Pero lo que creemos más relevante es que sin entrar en eso directamente un alumno que hace estas barras puede precisar que dimensiones son funcionales en cada una y cuales no lo son, que referencias exactas tienen los extremos de las ranuras ya que no se les permite sobredimensionarlas y así deben precisar sus dimensiones estrictamente necesarias para le movimiento pedido.

Las consecuencias didácticas de todo eso aquí están tremendamente resumidas porque los alumnos aprenden casi sin ser conscientes de eso que las barras pueden cambiar su forma si es necesario porque el movimiento no depende de su forma sino de los puntos de giro, la posición y forma de las ranuras, de la posición del enlace con otras barras, etc… y a la vez deben cuidarse de todos los detalles: por ejemplo si por una ranura se desplaza un cilindro lo hace de manera diferente a como lo hará un prisma introducido en esa misma ranura y, a veces es conveniente que una misa pieza desplace una parte cilíndrica por una ranura y otra prismática por la ranura que hay debajo.

No deja de sorprendernos que esos razonamientos los hagan alumnos que diez semanas antes no sabían n se planteaban cosas elementales ni observaban la realidad para obtener conclusiones gráficas que les permitan analizar problemas.

Después de trabajar en un plano y no imponer condiciones se pasa a condicionar el mecanismo aunque siga siendo plano. Se les limita el espacio de que disponen con una caja o un contenedor.

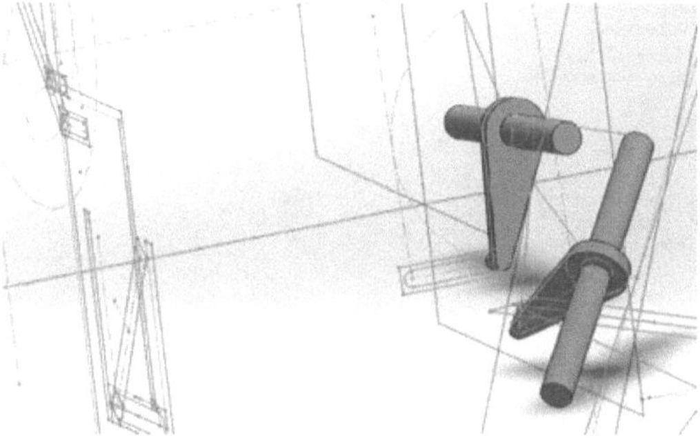

Figura 5. Dos de las barras que solucionan el problema.
Fuente: producción propia

Otros temas que se desarrollan son apertura de compuerta, cambio de plano, relación de movimientos contenidos en dos planos diferentes, etc.

Evidentemente los trazados geométricos son los mismos en todos los problemas pero deben realizarse en el plano adecuado y ese plano debe ser determinado con precisión y con una finalidad concreta, de lo contrario el problema planteado no se solucionará o se solucionara de una manera excesivamente compleja.

Pasando a problemas de último nivel observemos la figura 5 en la que se muestra un paso intermedio de un trabajo realizado por una alumna como trabajo de análisis propio y en el que se planeaba coordinar el movimiento de varios cilindros no coplanarios que giraban un ángulo determinado. El problema se plantea confinado por lo que el espacio para resolverlo es limitado.

Se observa que los croquis esquemáticos son similares a los ya vistos y que con ellos se determinan exactamente las ranuras, sus dimensiones y posición exactas, sus apoyos, es decir: se determina la solución al problema que queda resuelto con operaciones elementales de extrusión y corte, pero siempre y cuando que la colocación de los planos y la relación entre ellos sea correcta.

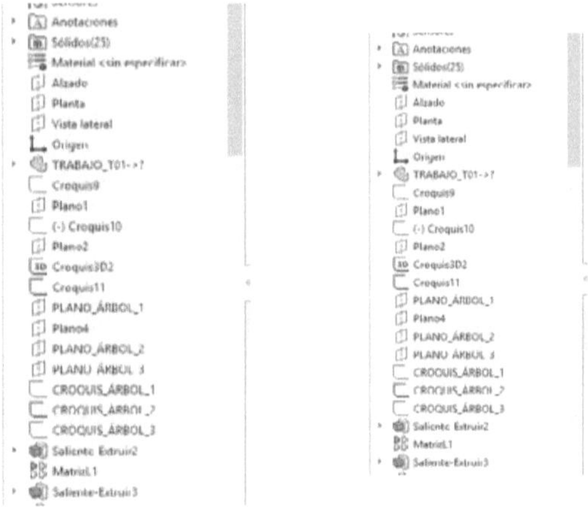

Figura 6. Operaciones iniciales. Fuente: producción propia

Como observación final veamos en la figura 6 que las operaciones iniciales del problema anterior son, básicamente, croquis y planos lo que demuestra que es en esas operaciones donde radica la solución del problema tanto conceptual como prácticamente.

Lo dicho hasta ahora no deja de ser una simplificación de los detalles del curso pero dan una visión global de lo que se pretende y la estrategia seguida para lograrlo.

No deseamos dar nombre a esta estrategia de enseñanza porque tampoco es nuestra intención desarrollar una teoría acerca del método o métodos seguidos.

Lo que si podemos asegurar es que se obtiene de los alumnos resultados mejores que otras cosas que hemos probado y que hemos abandonado por ser menos eficaces.

Huimos de la aplicación memorística o mediante una receta concreta de aplicación universal y, de hecho, todos nuestros exámenes (salvo los de aplicación de las normas) se realizan con la posibilidad de consultar apunes, libros y cualquier otro recurso abierto a través de internet.

Las soluciones a nuestros problemas no están en internet si no se analiza el problema y se extraen de él conclusiones geométricas imprescindibles para el planteamiento inicial.

4. Conclusiones

La utilización de un programa de diseño (SolidWorks SDK en este caso) no limita ni anula la necesidad de adquirir los conocimientos básicos geométricos y espaciales (que han sido siempre la base de la enseñanza de la expresión gráfica en la ingeniería).

Ese tipo de herramientas informáticas son especialmente indicadas para desarrollar estrategias que lleven el centro de la enseñanza, no ya la aplicación sistemática de procesos aprendidos casi de memoria, sino el desarrollo de ideas concebidas a base de analizar problemas y proyectos que, con simplificaciones, no dejan de ser una realidad técnica concreta y palpable.

Potencial de la Celulosa en la Construcción de Nuevos Materiales

Teresa Vidal
Antonio L. Torres
Cristina Valls
Oriol Cusola
Joan Antoni López
Julia Fernández
Antonio Clemente
Mª Blanca Roncero
ESEIAAT. Expressió Gràfica a l'Enginyeria

Jasmina Casals
Josep Farré
ESEIAAT. Enginyeria Mecànica

Resumen

Actualmente, más de una tercera parte de los tipos de papeles que hoy empleamos son para nuevos usos que hace diez años no existían. Además, la demanda creciente de productos basados en materias primas renovables y la preocupación social hacia el medio ambiente, estimula el desarrollo de productos diferentes con nuevas aplicaciones y alto valor añadido. En los últimos años ha incrementado el interés por la necesidad de buscar alternativas a los materiales derivados del petróleo, que sean más sostenibles y renovables. Los soportes celulósicos son una buena opción siendo un material natural, renovable, reciclable y biodegradable. Uno de los principales campos de investigación en el desarrollo de productos para los sectores del "packaging", es la obtención de nuevos materiales celulósicos con propiedades avanzadas similares a las que proporcionan los derivados del petróleo. Por otra parte, una de las nuevas aplicaciones del papel que se contempla es en la microfluídica: el uso del papel como material base para construcción de dispositivos microfluídicos y su aplicación de los dispositivos a ensayos para diagnosis médica.

1. Introducción

El sector papelero español, con una producción de papel y celulosa de 6,2 y 1,7 millones de toneladas, respectivamente, tiene una gran importancia en el tejido industrial nacional. España es el 6º productor de papel y de celulosa de la UE, el 4º exportador de celulosa de la UE y uno de los diez primeros del mundo. Actualmente, hay más de 500 tipos de papeles que se utilizan en el mundo de la comunicación, la enseñanza, la cultura y el arte, la sanidad y la higiene, el comercio y transporte de mercancías, y se desarrollan constantemente nuevas aplicaciones. La tercera parte de los papeles que hoy empleamos son nuevos tipos de papeles para nuevos usos que hace diez años no existían. Además, la demanda creciente de productos basados en materias primas renovables y la preocupación social por la aplicación de tecnologías que requieran menor consumo energético, estimula el desarrollo de nuevos procesos de fabricación de papel, la optimización del uso de materias primas y la obtención de productos con nuevas aplicaciones y alto valor añadido.

Por otra parte, en los últimos años ha incrementado notablemente el interés en buscar alternativas a los productos derivados del petróleo, que sean más **respetuosas con el medioambiente**, **sostenibles** y **renovables**. El plástico, derivado del petróleo, es un material muy usado en nuestra sociedad para diferentes finalidades y en diferentes sectores, ya que posee una amplia variedad de propiedades que, sobre todo, le dan gran importancia en el sector del envase y embalaje. El principal problema del plástico, desde el punto de vista medioambiental, radica en que es un material no biodegradable. Es de esperar que el mercado mundial de los materiales renovables y **biodegradables** aumente en un futuro próximo debido a la creciente concienciación social en relación con el cambio climático, y la comprensión e implicación del consumidor con el medio ambiente.

Ante este escenario, la **celulosa** puede ser una buena opción ya que es un material natural, renovable, reciclable, biodegradable y con propiedades únicas. Es por ello que se está generando una atención especial en buscar nuevas aplicaciones y de mayor valor añadido para la celulosa, con el fin de desarrollar **nuevos materiales celulósicos con propiedades mejoradas o avanzadas**. Una parte del interés de la celulosa se está centrando en el desarrollo de estos materiales con propiedades nuevas o mejoradas para el uso en la industria del envase y embalaje ("packaging"), y en especial se está haciendo énfasis en lo que respecta a los materiales "activos" de envase y embalaje. El **embalaje activo** es un concepto innovador que puede ser definido como un tipo de embalaje que amplía la duración de productos de alimentación manteniendo su seguridad y calidad lo cual, actualmente, es una preocupación primordial para la industria alimentaria. Según un nuevo informe de mercado, las ventas en el sector del packaging a nivel mundial, crecerán una tasa anual del 4%. La demanda de productos envasados está aumentando a causa de creciente nivel de vida, nuevas tecnologías y, cambios de hábitos en la sociedad, entre ellos el aumento de la demanda de alimentos envasados. Y paralelamente, el aumento de las exigencias ecológicas y la creciente concienciación medioambiental estimulan la demanda de envases producidos con productos respetuosos con el medio ambiente. Los materiales para "packaging" basados en la celulosa aportan diversas ventajas desde el punto de vista de huella de carbono frente a otros materiales convencionales como el plástico y el vidrio.

Por otra parte, una de las nuevas aplicaciones del papel que se está contemplando es la del desarrollo de dispositivos microfluídicos. La microfluídica en base papel es una tecnología que permitirá disponer de un proceso de fabricación simple y de bajo coste para crear un gran abanico de dispositivos que hasta el momento se están desarrollando con la tecnología microfluídica convencional Softlithography basada en polímeros sintéticos y resinas o micromecanizado de vidrio o silicio. Dentro de las aplicaciones de éstos dispositivos se hallan nuevos sistemas portátiles de diagnóstico médico, dispositivos para el control de la calidad del aire, el agua o los alimentos, sistemas de detección de explosivos o drogas y un largo etcétera.

1.1. Grupo de Investigación CELBIOTECH.

En relación, al ámbito de actuación del Grupo de Investigación CELBIOTECH engloba las temáticas relacionadas con la Ingeniería y Biotecnología de Materiales Lignocelulósicos y Papeleros. En concreto se centra en la manipulación y modificación de compuestos del sector de la celulosa y del papel, y en el aprovechamiento y conversión de la biomasa, para la obtención de nuevos materiales, fibras o productos con nuevas propiedades. Se hace especial énfasis en los aspectos medioambientales y energéticos con el fin de orientarse hacia el concepto de la Biorefinería y la Sostenibilidad de los procesos.

Entre los objetivos en los que se trabaja está el desarrollo y aplicación de la biotecnología para la obtención de productos celulósicos de alto valor añadido, como podrían ser papeles bioactivos u otros productos, que permitan sustituir materiales existentes en el mercado y menos sostenibles. Otra línea de trabajo está enfocada a la obtención de micro y/o nanofibras celulósicas a partir de métodos biotecnológicos, de menor consumo energético y más respetuosos con el medioambiente. Paralelamente también se trabaja en el aprovechamiento integral de materiales renovables (celulosa, lignina y hemicelulosas) o de subproductos de procesos de tratamiento de material lignocelulósico, para la obtención de bioproductos. Otra de las temáticas es el desarrollo de biomateriales celulósicos para el sector del embalaje (packaging) de alimentos perecederos con el fin de aumentar su durabilidad manteniendo su calidad, para que el procesamiento y distribución de alimentos sea más sostenible, y poder hacer más competitivo el sector alimentario, entre otros. Una nueva línea de investigación es la microfluídica en base papel, para la construcción de dispositivos microfluídicos.

Finalmente, se debe resaltar que los proyectos en curso estan en las temáticas generales de: "Obtención de soportes celulósicos multi-funcionales" y "Desarrollo de dispositivos microfluídicos en base papel".

2. Obtención de soportes celulósicos multi-funcionales

En los últimos años ha incrementado el interés por la necesidad de buscar alternativas a los materiales derivados del petróleo, que sean más sostenibles y renovables. Los soportes celulósicos son una buena opción ya que es un material natural, renovable y reciclable. Uno de los principales campos de investigación en el desarrollo de productos para los sectores del packaging, médico, alimentario y de transporte, es la obtención de nuevos materiales con propiedades avanzadas. Hay que tener en cuenta que una gran mayoría de los papeles y cartones destinados al embalaje requieren de recubrimientos o laminados con materiales tales como plásticos o aluminio, para conseguir algún grado de propiedad barrera.

Estos materiales destinados al embalaje deben reunir o poseer unas **ciertas propiedades** en función del producto que envasen, como son por ejemplo resistencias elevadas del material, hidrofobicidad, resistencias al álcali, al ácido o a sales, propiedades antioxidante, bacteriostática, bactericida y fúngica, y propiedades barrera, como permeabilidad al aire, al oxígeno, al vapor de agua, al aceite, a rayos UV, etc. Y todo ello, utilizando el menor peso posible de material, es decir, dando lugar a **envases ligeros y funcionales**. Y siempre cumpliendo con la premisa que sean envases respetuosos con el medio ambiente.

Tal como se ha indicado anteriormente, **la celulosa** es el **polímero natural más abundante** en la biosfera y presenta propiedades como hidrofilidad, quiralidad, biodegradabilidad, biocompatibilidad, reciclabilidad, etc. Sin embargo, no posee algunas de las propiedades necesarias para ser utilizada como material de packaging. Para ello, la celulosa debe **modificarse** o funcionalizarse.

El principal avance obtenido ha sido que se ha desarrollado un procedimiento para la funcionalización enzimática de soportes celulósicos de fácil aplicación industrial y que da lugar a productos con propiedades avanzadas. Entre las propiedades cabe destacar: hidrofobicidad, antioxidante, bacteriostática, etc. Esta tecnología consiste en la aplicación superficial a soportes celulósicos de un bioproducto (específico según propiedad a conseguir) que se obtiene a partir de una reacción enzimática. La formulación de dicho bioproducto es muy sencilla y versátil, y no necesita de una fuerte inversión para su obtención. Además, sus propiedades reológicas, lo hacen de fácil aplicación sobre la superficie de los soportes mediante los equipos tradicionales ya existentes en la máquina de papel.

3. Desarrollo de dispositivos microfluídicos en base papel

El uso del papel como material base para construir canales microfluídicos mediante la generación de barreras hidrofóbicas permite construir aplicaciones de alta tecnología con materiales de bajo coste y biodegradables para así poder llegar a mercados con bajo poder adquisitivo o donde es muy importante que el sistema sea desechable y de bajo coste. Además, el uso del papel como material base para el diseño de los canales hidrofóbicos permite sustituir parte de los equipos (no siempre disponibles) de un laboratorio de microfluídica por impresoras ink-jet o 3D. En la mayoría de estudios se han utilizado papeles comerciales tales como: cromatografía o filtro debido a su baja porosidad, ya que una alta porosidad del papel puede generar una difusión incontrolada de las barreras hidrofóbicas. Existen muchas propiedades del papel que pueden modificarse y mejorarse para su utilización eficiente en dispositivos microfluídicos tales como: a) el área superficial; b) el flujo capilar que influye; c) el tamaño de poro; d) la porosidad; e) el espesor del papel. Por otra parte, modificar o controlar el flujo de la muestra requiere el desarrollo de técnicas complejas para controlar su velocidad o su dirección. Por tanto, los parámetros indicados sólo pueden variarse si se trabaja en el desarrollo del proceso de obtención del papel, modificando el proceso en sí y la superficie de las fibras celulósicas. Así, mediante la construcción de papeles con diferentes propiedades ha permitido: a) desarrollo de un dispositivos microfluídicos en base papel; b) diseño de canales microfluídicos sobre los nuevos biopapeles; h) construcción de dispositivos microfluídicos con materias primas renovables (biopapeles); i) aplicación de los dispositivos a ensayos para diagnosis médica.

Referencias

ARACRI, E., VIDAL, T. and RAGAUSKAS, A.J. (2011). Wet strength development in sisal cellulose fibers by effect of a laccase–TEMPO treatment. *Carbohydrate Polymers*, 84(4), 1384–1390. https://doi.org/10.1016/j.carbpol.2011.01.046

BELTRAMINO, F., RONCERO, M.B., TORRES, A.L., VIDAL, T. and VALLS, C. (2016). Optimization of sulfuric acid hydrolysis conditions for preparation of nanocrystalline cellulose from enzymatically pretreated fibers. *Cellulose*, 23(3), 1777–1789. https://doi.org/10.1007/s10570-016-0897-y

BELTRAMINO, F., RONCERO, M.B., VIDAL, T. and VALLS, C. (2018a). A novel enzymatic approach to nanocrystalline cellulose preparation.

Carbohydrate Polymers, 189, 39–47. https://doi.org/10.1016/j.carbpol.2018.02.015

BELTRAMINO, F., RONCERO, M.B., VIDAL, T. and VALLS, C. (2018b). Facilitating the selection of raw materials: Evaluation of the effects of TCF and ECF bleaching sequences on different wood and non-wood pulps. *Afinidad,* 75, 91–96.

CASALS-TERRÉ, J., FARRÉ-LLADÓS, J., ZUÑIGA, A., RONCERO, M.B. and VIDAL, T. (2017). REPlicating RAPid Microfluidics: Self-Replicating Printer for Hydrophobic Pattern Deposition. *3D Printing and Additive Manufacturing,* 4(4), 231–238. https://doi.org/10.1089/3dp.2017.0042

CASALS-TERRÉ, J., FARRÉ-LLADÓS, J., ZUÑIGA, A., RONCERO, M.B. and VIDAL, T. (2018). Novel applications of nonwood cellulose for blood typing assays. *Journal of Biomedical Materials Research - Part B Applied Biomaterials*, 1–9. https://doi.org/10.1002/jbm.b.34245

CUSOLA, O., VALLS, C., VIDAL, T. and RONCERO, M.B. (2014). Rapid functionalisation of cellulose-based materials using a mixture containing laccase activated lauryl gallate and sulfonated lignin. *Holzforschung*, 68(6), 631–639. https://doi.org/10.1515/hf-2013-0128

CUSOLA, O., VALLS, C., VIDAL, T. and RONCERO, M.B. (2015). Conferring antioxidant capacity to cellulose based materials by using enzymatically-modified products. *Cellulose*, 22(4), 2375–2390. https://doi.org/10.1007/s10570-015-0668-1

CUSOLA, O., VALLS, C., VIDAL, T. and RONCERO, M.B. (2018a). Using Electrochemical Methods to Study the Kinetics of Laccase-Catalyzed Oxidation of Phenols. *Industrial and Engineering Chemistry Research,* 57, 2434–2439. https://doi.org/10.1021/acs.iecr.7b04842

CUSOLA, O., KIVISTÖ, S., VIERROS, S., BATYS, P., AGO, M., TARDY, B.L., GRECA, L.G., RONCERO. M.B., SAMMALKORPI. M. and ROJAS, O.J. (2018b). Particulate Coatings via Evaporation-Induced Self-Assembly of Polydisperse Colloidal Lignin on Solid Interfaces. *Langmuir,* 34, 5759–5771. https://doi.org/10.1021/acs.langmuir.8b00650

FILLAT, A., GALLARDO, O., VIDAL, T., PASTOR, F.I.J., DÍAZ, P. and RONCERO MB. (2012). Enzymatic grafting of natural phenols to flax fibres: Development of antimicrobial properties. *Carbohydrate Polymers*, 87(1), 146–152. https://doi.org/10.1016/j.carbpol.2011.07.030

FILLAT, A., MARTÍNEZ, J., VALLS, C., CUSOLA, O., RONCERO, M.B., VIDAL, T., VALENZUELA, S.V, DÍAZ, P. and PASTOR, F.I.J. (2018). Bacterial cellulose for increasing barrier properties of paper products. *Cellulose* 25(10), 6093–6105. https://doi.org/10.1007/s10570-018-1967-0

QUINTANA, E., AGO, M., VALLS, C., RONCERO. M.B. and ROJAS, O.J. (2018). Alternative chemo-enzymatic treatment for homogeneous and heterogeneous acetylation of wood fibers. *Cellulose*, 25(9), 5323–5336. https://doi.org/10.1007/s10570-018-1947-4

QUINTANA, E., VALLS, C., VIDAL, T. and RONCERO, M.B. (2015). Comparative evaluation of the action of two different endoglucanases. Part I: On a fully bleached, commercial acid sulfite dissolving pulp. *Cellulose*, 22(3), 2067–2079. https://doi.org/10.1007/s10570-015-0623-1

VALLS, C., PASTOR, F.I.J., VIDAL, T., RONCERO, M.B., DÍAZ, P., MARTÍNEZ, J. and VALENZUELA, SV. (2018). Antioxidant activity of xylooligosaccharides produced from glucuronoxylan by Xyn10A and Xyn30D xylanases and eucalyptus autohydrolysates. *Carbohydrate Polymers*, 194, 43–50. https://doi.org/10.1016/j.carbpol.2018.04.028

Agradecimientos

Ministerio de Economía y Competitividad. Proyectos: FILMBIOCEL CTQ2016-77936-R y MICROBIOCEL CTQ2017-84966-C2-1-R. Cristina Valls es una profesora Serra Húnter (Generalitat de Catalunya).

Experiències Docents en Metodologies de Disseny en l'Àmbit de Mobilitat Internacional

Rosó Baltà Salvador
Jordi Voltas Aguilar
ESEIAAT. Expressió Gràfica a l'Enginyeria

Resum

En l'àmbit del disseny, darrerament s'ha posicionat l'usuari com a element central del procés, així com la seva experiència i usabilitat. A més, s'afegeix la necessitat d'oferir productes diferencials i creatius respecte als que podem trobar al mercat. Per aquest motiu, ha sorgit la necessitat d'una metodologia que dóni suport al dissenyador durant el procés de disseny i faciliti l'obtenció d'una solució innovadora. S'afegeix, a més, la complexitat de treballar amb perfils professionals de diferents formacions i sovint nacionalitats, juntament amb la necessitat d'integrar l'usuari final en el desenvolupament i validació del disseny.
En la docència de disciplines de disseny, es fa necessari transmetre a l'estudiant aquesta complexitat i oferir-li eines per tal de facilitar aquest procés. És aquí on les metodologies de disseny i creativitat centrades en l'usuari són un recurs fonamental.
En aquesta comunicació s'explica la participació del departament d'Expressió Gràfica a l'Enginyeria (EGE) de la Universitat Politècnica de Catalunya en activitats acadèmiques en mobilitat internacional, on, aprofitant la posició preferent que li dóna la docència en graus i màsters de l'àmbit del disseny, n'ha donat formació a equips multidisciplinaris.

Paraules clau: Metodologia de disseny, Mobilitat internacional, EEES, Design Sprints

1. La mobilitat en l'EEES

Des dels seus inicis, la concepció d'un Espai d'Europeu d'Educació Superior recollida a la Declaració de Praga (2001) (2) estableix com un dels objectius principals la promoció de la mobilitat i l'exercici d'aquesta sense obstacles per part d'estudiants, professors i personal administratiu de les universitats. D'igual manera, contempla la necessitat d'un sistema fàcilment comparable de titulacions, l'establiment d'una comptabilitat acadèmica estructurada en crèdits (ECTS) i la promoció de la cooperació Europea per assegurar un nivell de qualitat pel desenvolupament de criteris i metodologies comparables.

Més endavant, cada país va concretar en un text jurídic aquests objectius. El Reial Decret 1393/2007 (8) impulsa un canvi de metodologies docents, centrant l'objectiu en l'aprenentatge de l'estudiant de manera que en el disseny de les titulacions cal reflectir més elements a banda de la simple descripció de continguts, assegurant així, un assoliment de competències que amplïï el tradicional enfocament basat només en continguts.

En l'aspecte de la mobilitat d'estudiants, l'esmentat BOE aposta per un sistema de reconeixement i acumulació de crèdits, de manera que els crèdits cursats en una altra universitat seran reconeguts i integrats en els respectius expedients d'origen. Més endavant trobarem una referència en l'Estatut de l'Estudiant Universitari, recollit en el Reial Decret 1791/2010, art. 17 (9), que manifesta que per aquest reconeixement en mobilitat, les universitats atendran al valor formatiu del conjunt de les activitats realitzades, més que no a una identitat entre assignatures i programes ni a una plena coincidència del nombre d'ECTS.

2. Experiències a EGE-Terrassa en programes d'Intensive Programm Learning

La política d'internacionalització dels estudis ha estat recollida i finançada pels següents programes establerts pel Parlament Europeu: Socrates i Socrates II (1994-1999, 2000- 2006), Life Long Programm Learning (2006-2013), Erasmus+ (2014 fins actualitat). Fruit d'aquests programes va aparèixer l'opció d'organitzar 'Intensive Programs' (IP). Els IP consisteixen en dissenyar programes d'estudis limitats en el temps que, sota la participació de diverses institucions universitàries de països diferents, se centren en un aspecte formatiu comú. Les institucions es comprometen a aportar un determinat nombre d'estudiants i a participar amb la presència de docents que imparteixin cada un dels mòduls del curs, així com a reconèixer els ECTS corresponents al programa, normalment sobre matèries optatives.

Dins d'aquest marc, en la UPC a Terrassa, i participades àmpliament pel departament d'Expressió Gràfica a l'Enginyeria, es van realitzar diverses iniciatives centrades en el disseny de productes digitals, prototipatge web, disseny d'aplicacions mòbil i creació de continguts multimèdia:

- **Join Degree in Media Development:** La primera i més ambiciosa de les iniciatives consistia en substituir un any complet del programa de grau de cada una de les universitats per realitzar-lo en un entorn de mobilitat. Hi van participar la UPC, KaHo (Bèlgica), LUAS (Finlàndia), University of Bielsko-Biala (Polònia) i Aarus University (Dinamàrca).

- **Operamedia:** Estava centrada en l'activitat d'enregistrament, difusió i promoció del Savonlinna Opera Festival (Finlàndia). Els estudiants realitzaven una estança de dues setmanes i hi participaven alumnes de la UPC, Mikkeli University

(Finlàndia), Tallin University (Estònia), ISEP (Portugal). Es van realitzar dues edicions.

- **Mind the Gap:** Prototipatge d'aplicacions mòbil centrades en un repte proposat per les línies directrius de la Comunitat Europea. Es cobrien els aspectes de metodologia de disseny amb especial atenció en l'experiència de l'usuari. Hi participaven la UPC, Faculty of Arts and Philosophy (Belgium), LAMK (Finlàndia), ISEP (Portugal), Baskent University (Turquia).

- **iWeek:** Dissenyada per promocionar la mobilitat entre els seus estudiants, Lahti University of Applyed Sciences realitza una setmana intensiva de seminaris i activitats pels seus estudiants participades per professors de diverses universitats europees. Hi participen universitats com la UPC, UPV (València), Avans University of Applied Sciences (Holanda), Rotterdam University of Applied Sciences (Dinamarca), Odisee (Bèlgica).

En tots els casos han estat participacions que tenien el disseny com a element central, amb acostaments pluridisciplinaris, i amb perfils d'estudiants també pluridisciplinaris. El fet de centrar les activitats acadèmiques en la resolució de problemes concrets en un temps limitat estimula els "soft skills" com són el lideratge, el treball en grup, la cerca de solucions a problemes, i estimula el treball creatiu. Aquest fet, situa l'activitat del departament d'EGE i la seva docència en el grau d'Enginyeria de Disseny industrial i Desenvolupament de Producte i del Màster Barcelona Disseny en una posició ideal per a realitzar i liderar activitats similars.

3. L'element metodològic. Nexe comú entre les diverses disciplines del disseny

Els problemes que es plantegen dins l'àmbit del disseny són sovint complexos, pel que requereixen diverses disciplines per a ser assolits. És per això que moltes vegades s'utilitzen com a punt de partida en programes d'Intensive Program Learning que tenen com a objectiu unir estudiants de diversos àmbits, i en alguns casos nacionalitats. Durant el desenvolupament d'aquests projectes, els estudiants s'alineen i mitjançant l'ús de diversos mètodes i tècniques desenvolupen un projecte aportant coneixements des de les diverses perspectives. És per això, que la metodologia emparada esdevé el nexe d'unió entre les diferents disciplines en l'assoliment dels objectius plantejats.

Una metodologia identifica un procés per dur a terme una investigació o procediment i ofereix mètodes i tècniques que es poden utilitzar per resoldre els problemes o objectius plantejats. Aquesta, no aporta una única solució, sinó que ofereix un conjunt d'eines que donen suport a l'hora de resoldre problemes de certa complexitat. Per aquest motiu, sovint les metodologies no són exclusives per a una disciplina en concret, sinó que presenten similituds entre disciplines (4) i per tant, poden ser aplicades en diversos camps de coneixement.

En l'àmbit del disseny, els problemes plantejats sovint es poden dividir en diverses fases: investigació de l'usuari i la necessitat, anàlisi de tasques o requeriments, disseny conceptual, definició de disseny, disseny de detall, implementació i iteració. Aquestes fases solen ser comunes en la majoria de projectes, independentment del camp del disseny en el qual estiguin emmarcats, ja sigui disseny industrial, disseny de producte, disseny web, disseny interactiu, disseny multimèdia, disseny gràfic, etcètera.

Diversos estudis han identificat fases similars en altres disciplines, com per exemple en l'enginyeria mecànica (5). Howard et al. (5) en el seu estudi fa una comparació entre els processos de disseny descrits en la literatura i es pot observar que la gran majoria divideixen el procés de disseny en les fases anteriorment esmentades:

Models	Establishing a need phase	Analysis of task phase	Conceptual design phase	Embodiment design phase	Detailed design phase	Implementation phase
Booz et al. (1967)	X	New product strategy development	Idea generation / Screening & evaluation	Business analysis / Development	Testing	Commercialization
Archer (1984)	X	Programming / data collection	Analysis / Synthesis	Development	Communication	X
Svensson (1974)	Need	X	Concepts / Verification	Decisions	X	Manufacture
Wilson (1980)	Societal need	Recognize & formulate / PR's & constraints	Ideate and create	Analyze and/or test	Product, prototype, process	X
Urban and Hauser (1980)	Opportunity identification	Design		Testing		Introduction (launch) / Life cycle management
VDI-2222 (1982)	X	Planning	Conceptual design	Embodiment design	Detail design	X
Hubka and Eder (1982)	X	X	Conceptual design	Lay-out design	Detail design	X
Crawford (1984)	X	Strategic planning	Concept generation	Pre-technical evaluation	Technical development	Commercialization
Pahl and Beitz (1984)	Task	Clarification of task	Conceptual design	Embodiment design	Detailed design	X
French (1985)	Need	Analysis of problem	Conceptual design	Embodiment of schemes	Detailing	X
Ray (1985)	Recognize problem	Exploration of problem / Define problem	Search for alternative proposals	Predict outcome / Test for feasible alternatives	Judge feasible alternatives / Specify solution	Implement
Cooper (1986)	Ideation	Preliminary investigation	Detailed investigation	Development / Testing & Validation	X	Full production & market launch
Andreasen and Hein (1987)	Recognition of need	Investigation of need	Product principle	Product design	Production preparation	Execution
Pugh (1990)	Market	Specification	Concept design		Detail design	Manufacture / Sell
Hales (1993)	Idea, need, proposal, brief	Task clarification	Conceptual design	Embodiment design	Detail design	X
Baxter (1995)	Assess innovation opportunity	Possible products	Possible concepts	Possible embodiments	Possible details	New product
Ulrich and Eppinger (1995)	X	Strategic planning	Concept development	System-level design	Detail design	Testing & refinement / Production ramp-up
Ullman (1997)	Identify needs / Plan for the design process	Develop engineering specifications	Develop concepts	Develop product		X
BS7000 (1997)	Concept	Feasibility	Implementation (or realization)			Termination
Black (1999)	Brief/concept	Review of 'state of the art'	Synthesis / Inspiration	Experimentation / Analysis / reflect	Synthesis / Decisions re constraints	Output / X
Cross (2008)	X	Exploration	Generation	Evaluation	Communication	X
Design Council (2006)	Discover	Define	Develop		Deliver	X
Industrial Innovation Process 2008	Mission statement	Market research	Idea phase	Concept phase	Feasibility Phase	Pre production

Figura 1. Taula comparativa dels models de procés de disseny (5)

Models	Analysis phase	Generation phase	Evaluation phase	Communication / implementation phase
Helmholtz (1826)	Saturation	Incubation / Illumination	X	X
Dewey (1910)	A felt difficulty / Definition and location of difficulty	Develop some possible solutions	Implications of solutions through reasoning	Experimental corroboration of conjectural solution
Wallas (1926)	Preparation	Incubation / Illumination	Verification	X
Kris (1952)	X	Inspiration	Elaboration	Communication
Polya (1957)	Understanding the problem / Devising a plan	Carrying out the plan	Looking Back	X
Guilford (1957)	X	Divergence	Convergence	X
Buhl (1960)	Recognition / Definition / Preparation / Analysis	Synthesis	Evaluation	Presentation
Osborn (1963)	Fact-finding	Idea-finding	Solution-finding	X
Parnes (1967)	Problem, challenge, opportunity / Fact-finding / Problem-finding	Idea-finding	Solution-finding	Acceptance-finding / Action
Jones (1970)	Divergence: Search for data / Understand the problem	Transformation: Pattern finding / Flashes of insight	Convergence: Judgement	X
Stein (1974)	X	Hypothesis formulation	Hypothesis testing	Communication of results
Parnes (1981)	Mess finding / Fact-finding / Problem-finding	Idea finding	Solution finding	Acceptance finding
Amabile (1983)	Problem or task presentation / Preparation	Response generation	Response validation	Outcome
Barron and Harrington (1981)	X	Conception / Gestation / Parturition	X	Bring up the baby
Isaksen et al. (1998)	Constructing opportunities / Exploring data / Framing problems	Generating ideas	Developing solutions	Building acceptance / Appraising tasks / Designing process
Couger et al. (1993)	Opportunity, delineation, problem definition / Compiling information	Generating ideas	Evaluating, prioritizing ideas	Developing an implementation plan
Shneiderman (2000)	Collect	Relate / Create		Donate (communicate)
Basadur et al. (2000)	Problem finding / Fact finding / Problem defn.	Idea finding	Evaluate and select	Plan / Acceptance / Action
	Diverge - converge at each stage			
Kryssanov et al. (2001)	Functional requirements / Structural requirements	Functional solutions / Analogies, metaphors	Reinterpretation	X

Figura 2. Taula comparativa dels models de procés creatiu (5)

A banda de les metodologies centrades en el desenvolupament del disseny, també podem trobar metodologies centrades en la creativitat. Aquestes, en comptes d'identificar eines per tal de definir i desenvolupar un disseny, posen a l'abast mètodes i tècniques per a obtenir resultats més creatius. Howard et al. (5) també fa una revisió d'aquestes tècniques en la literatura i identifica quatre fases principals en què es divideixen: Fase d'anàlisi, Fase de generació, Fase d'avaluació i fase d'implementació i comunicació. Una altra vegada, es pot observar que la majoria de processos creatius descrits es divideixen en les mateixes fases:

Les fases que defineixen el procés de disseny i el procés creatiu d'un projecte són similars amb independència de la branca del disseny de la que es tracti. Per aquest motiu, molts dels mètodes i tècniques utilitzades en una branca del disseny, podran tenir aplicació també en altres àmbits dins el disseny i fins i tot altres disciplines, resultant així el nexe d'unió entre aquestes.

3.1. El Design Thinking i els Design Sprints com a metodologia de disseny

Una bona combinació entre les fases del procés de disseny i les del procés creatiu esmentades en l'apartat anterior és la que planteja el Design Thinking. Design Thinking es tracta d'un enfocament de disseny centrat en l'usuari basat en un conjunt de mètodes i tècniques per tal d'entendre i empatitzar amb l'usuari durant el procés de disseny i arribar a solucions innovadores (3). Aquest enfocament ha rebut molta atenció dins l'àmbit empresarial, i es considera que pot tenir una influència positiva en l'educació de diverses disciplines, ja que fomenta un pensament creatiu per a generar solucions als problemes plantejats (7).

A partir de la filosofia del Design Thinking, Google Ventures (GV) defineix una metodologia anomenada Design Sprints per a la resolució de problemes a través del disseny. Aquesta, a partir de bones pràctiques en Design Thinking, estratègia de negoci, psicologia i altres àrees, aconsegueix alinear equips multidisciplinaris en l'assoliment dels objectius plantejats mitjançant l'aplicació d'un conjunt de tècniques i mètodes (6). Aquesta metodologia planteja 6 fases:

- **Entendre:** Comprensió de les necessitats de l'usuari per tal d'obtenir una base de coneixement prèvia, transversal i unificada per a tots els membres de l'equip.
- **Definir:** Establiment de l'enfocament del projecte definint el context, els objectius i els resultats desitjats o mètriques de mesura.
- **Dibuixar:** Generació d'una gran quantitat d'idees de manera individual a partir d'un exercici d'inspiració previ i de la recerca de bones pràctiques.
- **Decidir:** Identificació d'una única solució per a resoldre el problema plantejat resultant d'un consens entre els membres de l'equip.
- **Prototipar:** Desenvolupament d'un prototip de la solució identificada que permeti obtenir una resposta de l'usuari potencial.
- **Validar:** Testeig del prototip mitjançant usuaris potencials per tal d'avaluar la seva resposta i validar la solució definida per l'equip.

Aquestes fases, molt alineades amb les fases del procés de disseny i del procés creatiu exposats en l'apartat anterior, permeten validar possibles solucions a un problema plantejat utilitzant la menor inversió de temps i recursos possibles. Per cada una de les fases, es plantegen una sèrie de mètodes i tècniques que s'hauran de seleccionar en funció de l'objectiu específic que es vulgui aconseguir.

Actualment, els Design Sprints són una metodologia àmpliament utilitzada en la indústria del disseny de productes digitals per tal de trobar solucions als problemes plantejats de manera conjunta entre els diversos perfils que formen part del projecte (negoci, disseny, programació, creació de continguts...). Tanmateix, aquesta metodologia no està tan assentada en l'àmbit educatiu.

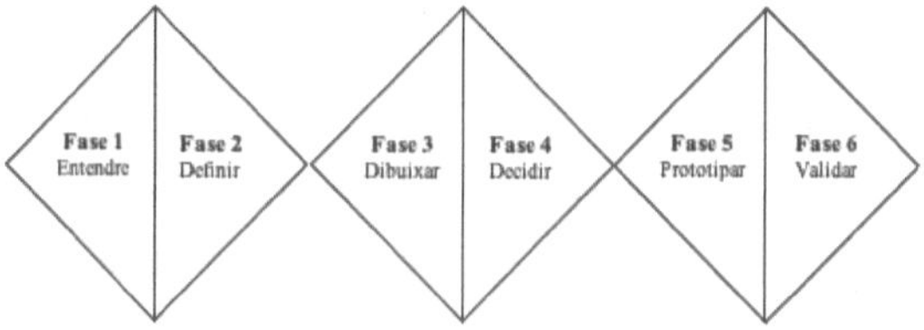

Figura 3. Diagrama de la metodologia Design Sprints

3.2. Case study: iWeek Lahti

La participació del Departament d'Expressió Gràfica a l'Enginyeria en el programa intensiu iWeek 2018 de la Universitat de Ciències Aplicades de Lahti (Finlàndia), es va centrar en l'aplicació de la metodologia dels Design Sprints en dins l'àmbit educatiu.

El seminari es va impartir a estudiants del grau Engineering in Information and Communications Technology, de les branques Media Technology, Software Engineering i Computer Networks. El propòsit del workshop va ser el d'alinear els diversos perfils mitjançant la metodologia plantejada per tal de trobar solucions innovadores a problemes plantejats dins l'àmbit del disseny digital. A l'inici de la dinàmica, es van dividir els estudiants en equips multidisciplinaris d'entre 4 i 6 alumnes i es van plantejar tres problemes a escollir. Per cada problema, se'ls van facilitar els resultats hipotètics d'una investigació d'usuaris basada en entrevistes. A partir d'aquests resultats, els grups van aplicar les tècniques seleccionades per cada fase del Design Sprint (excepte la validació) i finalment van exposar els resultats obtinguts.

Els estudiants que van participar en les dues sessions del seminari es van mostrar molt positius envers la metodologia. Essent la metodologia explicada quelcom que obliga a tenir resultats en poc temps i a concretar elements creatius, els resultats van ser notables: es van forçar a participar, a empatitzar uns amb els altres companys del grup i a construir junts una proposta final. En relació a les titulacions dels participants, tot i no ser estrictament de l'àmbit del disseny, aquests es van mostrar molt predisposats en la definició i prototipatge de les aplicacions i els resultats obtinguts van denotar un alt grau de creativitat i innovació, aportant solucions a problemes reals que integraven tendències en l'àmbit digital com la realitat augmentada o l'ús de la intel·ligència artificial.

Figura 4. iWeek 2018. Grup de treball desenvolupant el Design Sprint

Figura 5. iWeek 2018. Presentació del treball realitat durant el seminàri.

5. Conclusions i proposta de futur

A final de 2017, la Comissió Europea va fer arribar al Parlament Europeu un document que estructurava l'agenda per a la modernització de l'Educació Superior (1). Aquest document posa de manifest els objectius encara no assolits de l'EEES: pocs graduats en camps de gran demanda, poc nivell en habilitats bàsiques i nivell molt limitat en 'soft skills'. L'informe també assenyala que els sistemes d'educació superior no estan organitzats de manera adequada: la inversió no ha augmentat amb el mateix ritme que ho ha fet el nombre d'estudiants; a més, els sistemes de qualitat ofereixen molt pocs incentius per a professorat que realitzi correctament la seva tasca com a docent. Com a propostes per la nova agenda s'introdueix, entre altres, la necessitat de modernitzar i millorar les metodologies acadèmiques així com promocionar plans d'estudis que assegurin una presència de coneixements, habilitats i 'soft skills'.

Les iniciatives i metodologies presentades en aquesta ponència estan perfectament alineades amb les directrius de la Comissió

Europea, que indica que les paraules com multidisciplinarietat, treball en grup, aprenentatge centrat en projectes, resolució de problemes, treball creatiu i enfocament en l'usuari, són i han de ser clau en l'orientació de la universitat si vol no perdre el tren de la modernitat i per tant, també han de ser les línies futures del propi departament d'Expressió Gràfica a l'Enginyeria en aquell àmbit que li és propi. Estimular activitats acadèmiques en xarxa serà clau per un departament tradicionalment centrat en docència.

Referències

[1] An agenda for the modernisation of higher education. (2017). European Comission. Recuperat de: https://ec.europa.eu/info/law/better-regulation/initiative/1312/publication/9611/attachment/090166e5b0a53ec0_en

[2] Bologna for Pedestrians. (2009). Council of Europe. Recuperat de: https://www.coe.int/t/dg4/highereducation/EHEA2010/BolognaPedestrians_en.asp

[3] BUCHANAN, R. (1992). Wicked problems in Design Thinking. *Design issues,* 8(2), 5-21. https://doi.org/10.2307/1511637

[4] GERICKE, K. & BLESSING, L. (2011) Comparisons of Design Methodologies and Process Models Across Disciplines: A Literature Review. *Proceedings of International Conference on Engineering Design ICED'11. Copenhagen.* Technical University of Denmark: Design Society, 393-404.

[5] HOWARD, T. J., CULLEY, S. J. & DEKONINCK, E. (2008) Describing the creative design process by the integration of engineering design and cognitive psychology literature. *Design Studies,* 29(4), 160–180.

[6] KNAPP, J., ZERATSKY, J. & KOWITZ, B. (2016). Sprint: How to Solve Big Problems and Test New Ideas in Just Five Days. *Simon & Schuster, New York, NY.*

[7] RAZZOUK, R. & SHUTE, V. (2012). What Is Design Thinking and Why Is It Important?. *Review of Educational Research,* 82, 330-348. https://doi.org/10.3102/0034654312457429

[8] Real Decreto 1393/2007, de 29 de Octubre, por el que se establece la ordenación de las enseñanzas universitarias oficiales. Boletín Oficial del Estado, num. 260, de 30 de octubre de 2007. Recuperat de: https://www.boe.es/eli/es/rd/2007/10/29/1393/con

[9] Real Decreto 1791/2010, de 30 de diciembre, por el que se aprueba el Estatuto del Estudiante Universitario. Boletín Oficial del Estado, num. 318, de 31 de diciembre de 2010. Recuperat de: www.boe.es/eli/es/rd/2010/12/30/1791/con

Made in United States
Troutdale, OR
11/03/2026

56847369R00096